T0209120

essentials

essentials liefern aktuelles Wissen in konzentrierter Form. Die Essenz dessen, worauf es als „State-of-the-Art" in der gegenwärtigen Fachdiskussion oder in der Praxis ankommt. *essentials* informieren schnell, unkompliziert und verständlich

- als Einführung in ein aktuelles Thema aus Ihrem Fachgebiet
- als Einstieg in ein für Sie noch unbekanntes Themenfeld
- als Einblick, um zum Thema mitreden zu können

Die Bücher in elektronischer und gedruckter Form bringen das Fachwissen von Springerautor*innen kompakt zur Darstellung. Sie sind besonders für die Nutzung als eBook auf Tablet-PCs, eBook-Readern und Smartphones geeignet. *essentials* sind Wissensbausteine aus den Wirtschafts-, Sozial- und Geisteswissenschaften, aus Technik und Naturwissenschaften sowie aus Medizin, Psychologie und Gesundheitsberufen. Von renommierten Autor*innen aller Springer- Verlagsmarken.

Jan Swoboda

Grundkurs partielle Differentialgleichungen

Eine Einführung für natur- und ingenieurwissenschaftliche Studiengänge

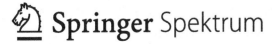 Springer Spektrum

PD Dr. habil. Jan Swoboda
Mathematisches Institut
Ruprecht-Karls-Universität Heidelberg
Heidelberg, Deutschland

ISSN 2197-6708   ISSN 2197-6716   (electronic)
essentials
ISBN 978-3-662-67643-1   ISBN 978-3-662-67644-8   (eBook)
https://doi.org/10.1007/978-3-662-67644-8

Die Deutsche Nationalbibliothek verzeichnet diese Publikation in der Deutschen Nationalbibliografie; detaillierte bibliografische Daten sind im Internet über http://dnb.d-nb.de abrufbar.

Planung/Lektorat: Nikoo Azarm
Springer Spektrum ist ein Imprint der eingetragenen Gesellschaft Springer-Verlag GmbH, DE und ist ein Teil von Springer Nature.
Die Anschrift der Gesellschaft ist: Heidelberger Platz 3, 14197 Berlin, Germany

Was Sie in diesem *essential* finden können

- Aus der Physik motivierte Einführung in die partiellen Differentialgleichungen Laplace-, Wärmeleitungs- und Wellengleichung
- Zusammenfassende Darstellung der analytischen Hilfsmittel Fourierreihen und Fouriertransformation
- Explizite Ausarbeitung von Lösungen von Anfangs- und Randwertaufgaben in verschiedenen Anwendungsbeispielen
- Herleitung der Grundlösung der Laplacegleichung, der Greenschen Funktionen und des Wärmeleitungskerns und zahlreiche Anwendungen auf Anfangs- und Randwertprobleme
- Lösungsmethoden für die ein- und mehrdimensionale Wellengleichung
- Diskussion der qualitativen Eigenschaften von Lösungen und Darstellung der Gemeinsamkeiten und Unterschiede der betrachteten Differentialgleichungstypen

Inhaltsverzeichnis

1 Einleitung... 1

2 Hilfsmittel aus der Analysis 3
  2.1 Funktionenräume....................................... 3
    2.1.1 Normierte Räume und Vollständigkeit................. 3
    2.1.2 Hilberträume 5
  2.2 Fourierreihen 8
    2.2.1 Das Problem der schwingenden Saite 8
    2.2.2 Orthogonalitätsrelationen, reelle und komplexe
        Fourierreihen 10
  2.3 Fouriertransformation 14
    2.3.1 Definition und Rechenregeln....................... 14
    2.3.2 Der Raum der schnellfallenden Funktionen............ 17

3 Laplacegleichung... 19
  3.1 Physikalische Motivation............................... 19
  3.2 Randwertprobleme..................................... 21
    3.2.1 Entwicklung nach Eigenfunktionen.................. 22
    3.2.2 Rechteckgebiete................................. 25
    3.2.3 Kreisscheibe.................................... 27

4 Grundlösung der Laplacegleichung und Greensche Funktionen.... 31
  4.1 Herleitung der Grundlösung 31
  4.2 Poissonsche Darstellungsformel 36
  4.3 Lösung der Poissongleichung auf $\mathbb{R}^n$...................... 37
  4.4 Greensche Funktionen und Anwendungen 38
    4.4.1 Definition der Greenschen Funktion eines Gebiets 38

4.4.2   Lösung der Poissongleichung auf allgemeinen
        Gebieten..................................   39
4.4.3   Greensche Funktion des Balls und des Halbraums.......   40
4.5   Qualitative Eigenschaften von harmonischen Funktionen........   42

5   **Wärmeleitungsgleichung**   45
5.1   Beschränktes Intervall und allgemeine Gebiete...............   46
5.2   Wärmeleitung auf $\mathbb{R}^n$ und Wärmeleitungskern................   49
5.3   Qualitative Eigenschaften von Lösungen....................   51

6   **Wellengleichung**   53
6.1   Anfangswertproblem für die eindimensionale Wellengleichung...   53
6.2   Inhomogene Wellengleichung und Duhamel-Prinzip...........   56
6.3   Lösungen in zwei und drei Raumdimensionen...............   58
6.4   Qualitative Eigenschaften von Lösungen....................   59

Literatur..   65

Einleitung 1

Das vorliegende Buch bietet eine knappe Einführung in die Mathematik der partiellen Differentialgleichungen. Die Auswahl der Themen orientiert sich an den drei prototypischen partiellen Differentialgleichungen Laplacegleichung, Wärmeleitungsgleichung und Wellengleichung. Anhand dieser drei Grundtypen lassen sich bereits zahlreiche Phänomene erklären, die auch bei allgemeineren Gleichungen zum Tragen kommen. Darüber hinaus spielen die genannten Differentialgleichungen eine prominente Rolle in den Anwendungen in den Natur- und Ingenieurwissenschaften. Die primäre Zielgruppe dieses Textes sind somit Studentinnen und Studenten dieser Studiengänge, die in kompakter Form eine erste Einführung in das Thema suchen. Der hier vorliegende Grundkurs betont dabei konkrete Beispiele und explizite Lösungsverfahren. Typische Grundaufgaben, etwa Anfangs- und Randwertprobleme auf beschränkten und unbeschränkten Gebieten in $\mathbb{R}^n$, werden für die oben genannten Standardgleichungen gelöst. Dabei war es weniger das Ziel, eine möglichst vollständige Behandlung aller Aufgabentypen zu erreichen, als vielmehr die methodische Vielfalt möglicher Herangehensweise an eine Lösung aufzuzeigen. Die mathematischen Definitionen und Sätze bilden zusammen mit den ihnen zugrundeliegenden Voraussetzungen das Gerüst dieses Textes. Sie werden ausführlich motiviert, jedoch nicht immer vollständig bewiesen.

Die erforderlichen Vorkenntnisse beschränken sich auf die Differential- und Integralrechnung in mehreren Variablen sowie etwas Erfahrung im Lösen von gewöhnlichen linearen Differentialgleichungen. Sofern im Text von solchen Grundlagenresultaten Gebrauch gemacht wird, finden sich entsprechende Verweise auf die gängige Lehrbuchliteratur. Methoden der Funktionalanalysis, die für ein weiterführendes Studium von partiellen Differentialgleichungen unerlässlich sind, werden zum Verständnis des Buchs hingegen nicht benötigt. Eine Ausnahme bilden Hilberträume und vollständige Orthonormalsysteme, für die die zugrundeliegende Theorie soweit als nötig entwickelt wird. Die Fourieranalysis stellt ein weiteres nützliches und

© Der/die Autor(en), exklusiv lizenziert an Springer-Verlag GmbH, DE, ein Teil von Springer Nature 2023
J. Swoboda, *Grundkurs partielle Differentialgleichungen*, essentials,
https://doi.org/10.1007/978-3-662-67644-8_1

vielseitig anwendbares Werkzeug in der Analysis von partiellen Differentialgleichungen dar und wird daher in einem eigenen Kapitel kurz zusammengefasst.
Der Text gibt den Inhalt einer einsemestrigen Einführungsvorlesung über partielle Differentialgleichungen wieder und ist zum Selbststudium geeignet. Im Mittelpunkt stehen dabei vor allem diejenigen Aspekte der mathematischen Theorie, die
von besonderer Relevanz in den natur- und ingenieurwissenschaftlichen Studien-
gängen sind. Dem Autor war es hierbei ein Anliegen, den Leserinnen und Lesern
einige der grundlegenden Resultate und vielfältigen Anwendungsmöglichkeiten dieses facettenreichen Wissensgebiets in knapper Form zugänglich zu machen.

Hilfsmittel aus der Analysis

2

Wir beginnen mit der Darstellung einige zentraler Konzepte der Analysis, sofern sie im Rahmen dieser Einführung verwendet werden. Im Mittelpunkt stehen dabei Hilbert- und Banachräume. Beispiele hierfür sind manchen Leserinnen und Lesern etwa in den einführenden Lehrveranstaltungen über Differential- und Integralrechnung bereits begegnet. Hierunter fallen die Räume der stetigen, stetig differenzierbaren und quadratintegrierbaren Funktionen in einer oder mehreren Variablen, die auch in diesem Buch vielfach verwendet werden. Der Grund hierfür ist, dass Lösungen einer gegebenen partiellen Differentialgleichung fast immer in einem zuvor festgelegten Funktionenraum gesucht werden. Dieser Hilbert- oder Banachraum ist dabei so gewählt, dass er der jeweiligen Problemstellung am besten angepasst ist. Losgelöst von der konkreten Differentialgleichung erweist es sich anschließend oftmals als hilfreich, allgemeine Eigenschaften von Banach- oder Hilberträumen und linearen Abbildungen zwischen ihnen (Operatoren) auszunutzen und so die Existenz und gegebenenfalls Eindeutigkeit einer Lösung zu zeigen.

2.1 Funktionenräume

In unseren Überlegungen spielen sowohl Vektorräume über den reellen Zahlen wie auch über den komplexen Zahlen eine Rolle. Um diese simultan behandeln zu können, setzen wir $\mathbb{K} = \mathbb{R}$ oder $\mathbb{K} = \mathbb{C}$ und sprechen dann von einem $\mathbb{K}$-Vektorraum.

2.1.1 Normierte Räume und Vollständigkeit

Unser Ausgangspunkt ist die abstrakte Definition eines normierten Vektorraums.

© Der/die Autor(en), exklusiv lizenziert an Springer-Verlag GmbH, DE, ein Teil von Springer Nature 2023
J. Swoboda, *Grundkurs partielle Differentialgleichungen*, essentials,
https://doi.org/10.1007/978-3-662-67644-8_2

Definition 2.1 Es sei X ein $\mathbb{K}$-Vektorraum. Eine **Norm** auf X ist eine Abbildung

$$\|\cdot\| : X \to [0, \infty), \quad x \mapsto \|x\|$$

mit den folgenden Eigenschaften:

(i) (Homogenität) $\|\lambda x\| = |\lambda| \cdot \|x\|$;
(ii) (Definitheit) $\|x\| = 0$ gilt genau dann, wenn $x = 0$ ist;
(iii) (Dreiecksungleichung) $\|x + y\| \le \|x\| + \|y\|$

für alle $x, y \in X$ und $\lambda \in \mathbb{K}$. Der $\mathbb{K}$-Vektorraum X zusammen mit der Norm $\|\cdot\|$ heißt **normierter Vektorraum**.

In diesem Buch sind spielen vor allem unendlich-dimensionale normierte Räumen eine wichtige Rolle; einige Beispiele hierzu stellen wir im nächsten Abschnitt vor.

Die Zusatzstruktur einer Norm auf X erlaubt es, die Konvergenz einer Folge $(x_n)_{n \in \mathbb{N}}$ von Punkten in X zu definieren:

Definition 2.2 Die Folge $(x_n)_{n \in \mathbb{N}}$ heißt **Cauchy-Folge**, falls es zu jedem $\varepsilon > 0$ einen Index $N \in \mathbb{N}$ gibt mit

$$\|x_n - x_m\| < \varepsilon \quad \text{für alle} \quad n, m > N.$$

Sie heißt **konvergent gegen den Grenzwert** $x_* \in X$, falls es zu jedem $\varepsilon > 0$ einen Index N gibt mit

$$\|x_n - x_*\| < \varepsilon \quad \text{für alle} \quad n > N.$$

Aufgrund der Dreiecksungleichung besitzt jede Folge höchstens einen Grenzwert. Zwischen den Begriffen Konvergenz und Cauchy-Folge besteht der folgende wichtige Zusammenhang: Jede konvergente Folge $(x_n)_{n \in \mathbb{N}}$ in X ist eine Cauchy-Folge. Für endlich-dimensionale Vektorräume sind diese beiden Eigenschaften zueinander äquivalent. Im allgemeinen ist dies jedoch nicht der Fall und gibt Anlass zu einer weiteren Definition:

Definition 2.3 Ein normierter Raum $(X, \|\cdot\|)$ heißt **vollständig** bzw. **Banachraum**, falls jede Cauchy-Folge $(x_n)_{n \in \mathbb{N}}$ in X einen Grenzwert $x_* \in X$ besitzt.

2.1.2 Hilberträume

Wir erinnern zunächst an die axiomatische Definition eines Skalarprodukts:

Definition 2.4 Ein **Skalarprodukt** auf einem $\mathbb{K}$-Vektorraum X ist eine Abbildung

$$\langle \cdot, \cdot \rangle \colon X \times X \to \mathbb{K}, \quad (x, y) \mapsto \langle x, y \rangle$$

mit den folgenden Eigenschaften:

(i) (Linearität im ersten Argument) $\langle \lambda x + \mu y, z \rangle = \lambda \langle x, z \rangle + \mu \langle y, z \rangle$;

(ii) (konjugierte Symmetrie) $\langle x, y \rangle = \overline{\langle y, x \rangle}$;

(iii) (positive Definitheit) $\langle x, x \rangle \geq 0$ und $\langle x, x \rangle = 0$ genau dann, wenn $x = 0$ ist,

für alle $x, y, z \in X$ und $\lambda, \mu \in \mathbb{K}$. Wir nennen X zusammen mit dem Skalarprodukt $\langle \cdot, \cdot \rangle$ **Skalarproduktraum.**

Für reelle Vektorräume reduziert sich die Eigenschaft (ii) auf die Symmetrie $\langle x, y \rangle = \langle y, x \rangle$ für alle $x, y \in X$. Jedes Skalarprodukt liefert eine Norm, indem wir

$$\|x\| = \sqrt{\langle x, x \rangle}$$

für alle $x \in X$ setzen. Somit ist jeder Skalarproduktraum insbesondere ein normierter Raum (aber nicht umgekehrt; nicht jede Norm wird von einem Skalarprodukt induziert). Es gilt die **Cauchy-Schwarzsche Ungleichung**

$$\langle x, y \rangle \leq \|x\| \cdot \|y\| \tag{2.1}$$

für alle $x, y \in X$ mit Gleichheit genau dann, wenn die Vektoren x und y linear abhängig sind.

Ein Skalarproduktraum wird **Hilbertraum** genannt, falls er vollständig bezüglich der aus dem Skalarprodukt abgeleiteten Norm ist.

Hilberträume teilen viele Eigenschaften mit den endlich-dimensionalen euklidischen Räumen. So heißen zwei Vektoren $x, y \in X$ **orthogonal**, falls $\langle x, y \rangle = 0$ gilt. Allgemeiner nennen wir zwei Unterräume $X_1, X_2 \subset X$ orthogonal, falls $\langle x_1, x_2 \rangle = 0$ für alle $x_1 \in X_1$ und $x_2 \in X_2$ gilt.

Definition 2.5 Eine Menge $S \subset X$ heißt **Orthonormalsystem**, falls

(i) (Normiertheit) $\|x\| = 1$;
(ii) (Orthogonalität) $\langle x, y \rangle = 0$

für alle $x, y \in S$ mit $x \neq y$ erfüllt ist. Das Orthonormalsystem S heißt **vollständig**, falls es kein weiteres Orthonormalsystem T mit $S \subsetneq T$ gibt. Wir nennen den Hilbertraum X **separabel**, falls er ein abzählbares vollständiges Orthonormalsystem $\{x_i \mid i \in \mathbb{N}\}$ besitzt.

Für einen separablen Hilbertraum lässt sich zeigen, dass jedes vollständige Orthonormalsystem abzählbar ist. Orthonormalsysteme vollständiger Hilberträume treten in vielerlei Hinsicht an die Stelle der Orthonormalbasen endlich-dimensionaler euklidischer Räume. Es ist jedoch wichtig, diese beiden Begriffe zu unterscheiden, da Orthonormalsysteme unendlich-dimensionaler Hilberträume keine Vektorraumbasen sind. Es gilt jedoch der folgende Entwicklungssatz:

Satz 2.1 (Entwicklungssatz) *Es sei* $\{x_i \mid i \in \mathbb{N}\}$ *ein vollständiges Orthonormalsystem des separablen Hilbertraums* X. *Dann besitzt jedes* $x \in X$ *eine Reihenentwicklung*

$$x = \sum_{i \in \mathbb{N}} \langle x_i, x \rangle x_i.$$

Es gilt die Besselsche Gleichung

$$\|x\|^2 = \sum_{i \in \mathbb{N}} |\langle x_i, x \rangle|^2.$$

Im Zusammenhang mit partiellen Differentialgleichungen sind die sogenannten L^p-Räume besonders relevant. Diese sind unter Rückgriff auf das Integral einer Funktion definiert. Der dabei zugrundeliegende Integrationsbegriff ist der von Lebesgue, den wir hier voraussetzen. Eine gut lesbare Einführung hierzu bietet das Buch [4]. Für ein beschränktes oder unbeschränktes Intervall $I \subseteq \mathbb{R}$ definieren wir den Vektorraum der **absolut integrierbaren Funktionen** durch

$$L^1(I) = \left\{ f \colon I \to \mathbb{K}, \text{ Lebesgue-messbar} \mid \int_I |f(x)| \, dx < \infty \right\}$$

und versehen diesen mit der Norm

$$\|f\|_{L^1(I)} = \int_I |f(x)| \, dx \, .$$

In dieser Weise wird $L^1(I)$ zu einem Banachraum. In ganz analoger Weise ist der Vektorraum der **quadratintegrierbaren Funktionen**

$$L^2(I) = \left\{ f \colon I \to \mathbb{K}, \text{ Lebesgue-messbar} \mid \int_I |f(x)|^2 \, dx < \infty \right\}$$

mit der Norm

$$\|f\|_{L^2(I)} = \int_I |f(x)|^2 \, dx$$

ein Banachraum. Dieser ist darüber hinaus ein separabler Hilbertraum mit dem Skalarprodukt

$$\langle f, g \rangle = \int_I f(x)\overline{g(x)} \, dx \tag{2.2}$$

für Funktionen $f, g \in L^2(I)$. Die besonderen Eigenschaften dieses Hilbertraums macht sich die Analysis in Form der Fourierreihen zunutze, die wir im anschließenden Abschnitt einführen werden. Die so eingeführten Funktionenräume sind ganz analog auch für allgemeine Definitionsbereiche $\Omega \subset \mathbb{R}^n$ erklärt, sofern an Ω geeignete Anforderungen gestellt werden (z. B. soll Ω die aus der Integrationstheorie von Lebesgue bekannte Eigenschaft der Messbarkeit erfüllen).

2.2   Fourierreihen

Fourierreihen bieten eine an viele Fragestellungen der Analysis angepasste Zerlegung des Raums der **quadratintegrierbaren periodischen Funktionen**. Anhand des folgenden Einstiegsbeispiels aus dem Bereich der partiellen Differentialgleichungen soll dieser Leitgedanke illustriert werden.

2.2.1   Das Problem der schwingenden Saite

Die Transversalschwingung einer an beiden Enden eingespannten Saite der Länge L wird näherungsweise beschrieben durch die **Wellengleichung**

$$\frac{\partial^2 u}{\partial t^2} = c^2 \frac{\partial^2 u}{\partial x^2} \qquad (0 \neq c = \text{const.}) \tag{2.3}$$

für eine von der Zeit $0 < t < T$ und dem Ort $0 < x < L$ abhängigen Funktion $u \colon (0, T) \times (0, L) \to \mathbb{R}$, die zusätzlich die **Randbedingung**

$$u(t, 0) = u(t, L) = 0$$

für alle t erfüllt. Wir suchen nach Lösungen in Produktgestalt

$$u(t, x) = v(x)w(t),$$

wobei wir für die Funktion v die Randbedingung $v(0) = v(L) = 0$ annehmen. Dieser Ansatz führt nach Einsetzen in (2.3) auf die Gleichung

$$v w_{tt} = c^2 v_{xx} w \qquad \Longleftrightarrow \qquad \frac{w_{tt}}{w} = c^2 \frac{v_{xx}}{v}.$$

Da die linke Seite nur von t, die rechte Seite nur von x abhängt, sind beide Ausdrücke gleich einer Konstanten $-c^2\lambda$:

$$\frac{w_{tt}}{w} = c^2 \frac{v_{xx}}{v} = -c^2\lambda. \tag{2.4}$$

Damit ist es uns gelungen, die Wellengleichung (eine partielle Differentialgleichung in den Variablen t und x) auf zwei gewöhnliche Differentialgleichungen zu reduzieren. Beginnen wir mit der Lösung der Differentialgleichung für v. Unter

Berücksichtigung der vorgegebenen Randbedingung lautet diese:

$$\begin{cases} v_{xx} + \lambda v = 0, \\ v(0) = v(L) = 0. \end{cases} \tag{2.5}$$

Die Lösungen hiervon sind Funktionen der Form

$$v(x) = C \sin\left(\frac{\pi k x}{L}\right), \tag{2.6}$$

wobei die Konstante $C \in \mathbb{R}$ beliebig gewählt werden kann. Da $v(L) = 0$ gelten soll, muss die Ganzzahligkeitsbedingung $k \in \mathbb{Z}$ erfüllt sein. Weil sich die Lösungen zu k bzw. dem Negativen $-k$ nur um ein Vorzeichen unterscheiden, nehmen wir im folgenden stets $k > 0$ an. Damit ist auch die Konstante λ in (2.5) bestimmt. Durch zweimaliges Differenzieren von v folgt $\lambda = \left(\frac{\pi k}{L}\right)^2$. Mit den so bestimmten Werten für λ besitzt die gewöhnliche Differentialgleichung $w_{tt} = -c^2 \lambda w$ aus (2.4) die Lösung

$$w(t) = A \cos\left(\frac{c \pi k t}{L}\right) + B \sin\left(\frac{c \pi k t}{L}\right)$$

mit beliebigen Konstanten $A, B \in \mathbb{R}$. Sämtliche Lösungen **in Produktgestalt** des Randwertproblems für die Wellengleichung sind demnach von der Form

$$u(t, x) = \left(A \cos\left(\frac{c \pi k t}{L}\right) + B \sin\left(\frac{c \pi k t}{L}\right)\right) \sin\left(\frac{\pi k x}{L}\right). \tag{2.7}$$

Weil es sich bei der Wellengleichung um eine lineare Differentialgleichung handelt, sind beliebige (endliche) Linearkombinationen von Lösungen ebenfalls Lösungen dieser Gleichung. Ebenso bleiben die homogenen Randbedingungen $u(t, 0) = u(t, L) = 0$ unter Linearkombinationen erhalten. Noch allgemeiner können wir auch Kombinationen von unendlichen vielen Lösungen wie in (2.7) zulassen und gelangen damit formal zu Reihen der Form

$$u(t, x) = \sum_{k=0}^{\infty} \left(a_k \cos\left(\frac{c \pi k t}{L}\right) + b_k \sin\left(\frac{c \pi k t}{L}\right)\right) \sin\left(\frac{\pi k x}{L}\right), \tag{2.8}$$

die ebenfalls die geforderten Randbedingungen erfüllen. Durch die Wahl der Koeffizienten $\{a_k, b_k\}$ werden **Anfangsbedingungen** festgelegt. Gemeint ist damit, dass diese die Funktionen

$$f(x) = u(0, x) = \sum_{k=1}^{\infty} a_k \sin\left(\frac{\pi k x}{L}\right), \qquad (2.9)$$

$$g(x) = \frac{\partial u}{\partial t}(0, x) = \frac{c\pi}{L} \sum_{k=1}^{\infty} k b_k \sin\left(\frac{\pi k x}{L}\right) \qquad (2.10)$$

bestimmen, die sich durch gliedweises Differenzieren und Einsetzen von $t = 0$ ergeben.

Diese Feststellung wirft eine wichtige Frage auf: Inwiefern existiert für vorgegebene Funktionen f und g eine Darstellung wie in (2.9) und wie kann man diese finden? Solche Funktionen wären dann mögliche Anfangsdaten von Lösungen der Wellengleichung. Auf diese Weise hätte man mit der Berechnung der dazugehörigen Koeffizienten $\{a_k, b_k\}$ und Einsetzen in (2.8) das Problem der schwingenden Saite vollständig gelöst. Im folgenden Abschnitt werden wir Entwicklungen von Funktionen in **Fourierreihen** wie in (2.9) genauer beleuchten. Abschließend halten wir noch fest, dass der für das Problem der schwingenden Saite vorgestellte Lösungsansatz auf eine Reihe von ähnlichen Situationen übertragbar ist. Beispiele hierfür werden uns im Randwertproblem für die Laplacegleichung und im Anfangswertproblem für die Wärmeleitungsgleichung begegnen. Die Konvergenz der dabei auftretenden Reihendarstellungen ist keineswegs ersichtlich und erfordert jeweils Zusatzüberlegungen.

2.2.2 Orthogonalitätsrelationen, reelle und komplexe Fourierreihen

In diesem Abschnitt greifen wir das Thema der Darstellbarkeit von Funktionen als Reihen wie in (2.9) auf. Dazu beobachten wir zunächst, dass es sich bei den auf der rechten Seite von (2.9) auftretenden Sinusfunktionen um **periodische** Funktionen der Periodenlänge $2L$ handelt. Die durch Überlagerung dieser Terme gebildeten Funktionen f und g fassen wir ebenfalls als $2L$-periodische Funktionen auf, indem wir sie mit dieser Periodenlänge auf ganz $\mathbb{R}$ periodisch fortsetzen. Umgekehrt ist jede $2L$-periodische Funktion $f: \mathbb{R} \to \mathbb{R}$ bzw. $f: \mathbb{R} \to \mathbb{C}$ bereits durch ihre Werte auf einem beliebigen **Fundamentalbereich** $[L_0, L_0 + 2L]$ vollständig bestimmt. In der Regel werden wir das Intervall $[0, 2L]$ als Fundamentalbereich wählen.

Für die weitere Diskussion setzen wir $L = \pi$ und betrachten somit periodische Funktionen $f: \mathbb{R} \to \mathbb{R}$ der Periodenlänge 2π. Der Fall von Funktionen mit allgemeiner Periodenlänge $2L > 0$ lässt sich durch die Substitution $x' = \pi x/L$ auf $L = \pi$ zurückführen. Wir setzen ab jetzt voraus, dass alle betrachteten Funktionen **quadratintegrierbar**, also Elemente des separablen Hilbertraums $L^2([0, 2\pi])$ sind[1]. Gegenüber (2.2) ändern wir die Definition des dazugehörigen Skalarprodukts durch einen Vorfaktor ab und definieren (für reell- wie komplexwertige Funktionen gleichermaßen)

$$\langle f, g \rangle_{L^2([0,2\pi])} = \frac{1}{\pi} \int_0^{2\pi} f(x)\overline{g(x)} \, dx. \tag{2.11}$$

Diese Konvention spart einige Vorfaktoren π in den nachfolgenden Formeln ein und ist damit im Einklang mit vielen Lehrbüchern über Fourieranalysis. Zunächst betrachten wir reellwertige quadratintegrierbare Funktionen und übertragen anschließend unsere Überlagungen auf den komplexwertigen Fall. Zur Unterscheidung verwenden wir in diesem und dem folgenden Abschnitt die Notation $L^2([0, 2\pi], \mathbb{R})$ bzw. $L^2([0, 2\pi], \mathbb{C})$. Die Grundlage unserer weiteren Überlegungen bildet das folgende Lemma:

Lemma 2.1 (Vollständiges Orthonormalsystem, reelle Form) *Das System der 2π-periodischen Funktionen*

$$\left\{ \frac{1}{2}, \cos(kx), \sin(kx) \mid k \geq 1 \right\} \tag{2.12}$$

ist ein vollständiges Orthonormalsystem des Hilbertraums $L^2([0, 2\pi], \mathbb{R})$. Hierin bezeichnet $\frac{1}{2}$ die konstante Funktion mit diesem Funktionswert.

Als Folgerung lässt sich der Entwicklungssatz 2.1, der im abstrakten Rahmen von §2.1.2 für allgemeine separable Hilberträume formuliert worden ist, auf das in (2.12) eingeführte vollständige Orthogonalsystem anwenden. Das Ergebnis halten wir in dem folgenden grundlegenden Satz fest:

---

[1] Genauer gesagt fordern wir, dass die Einschränkung der periodischen Funktion f auf den Fundamentalbereich $[0, 2\pi]$ quadratintegrierbar ist. Im folgenden unterscheiden wir nicht immer ganz strikt zwischen einer 2π-periodischen Funktion $f: \mathbb{R} \to \mathbb{R}$ bzw. $f: \mathbb{R} \to \mathbb{C}$ und ihrer Einschränkung auf $[0, 2\pi]$. Wichtig ist jedoch die Feststellung, dass f als Funktion auf ganz $\mathbb{R}$ (außer für $f = 0$ die Nullfunktion) nicht quadratintegrierbar ist.

Satz 2.2 **(Entwicklung in Fourierreihen, reelle Version)** *Jede reellwertige*
2π-*periodische Funktion* $f \in L^2([0, 2\pi], \mathbb{R})$ *besitzt eine eindeutige Dar-*
stellung als **Fourierreihe**

$$f(x) = \frac{a_0}{2} + \sum_{k=1}^{\infty} a_k \cos(kx) + b_k \sin(kx).$$

Die dabei auftretenden **Fourierkoeffizienten** *sind bestimmt durch*

$$a_0 = \frac{1}{\pi} \int_0^{2\pi} f(x)\, dx, \qquad a_k = \frac{1}{\pi} \int_0^{2\pi} f(x) \cos(kx)\, dx,$$

sowie

$$b_k = \frac{1}{\pi} \int_0^{2\pi} f(x) \sin(kx)\, dx,$$

jeweils für $k \geq 1$ **(reelle Euler-Fourier Formeln)**.

Die in vielen Zusammenhängen auftretenden Funktionen sind komplexwertig. Aber
auch bei reellwertigen Funktionen (etwa trigonometrischen Funktionen) ist es für
Rechnungen manchmal effizienter, diese in komplexer Form zu schreiben. Es bietet sich daher an, die bislang dargestellte Fourierreihenentwicklung auf periodische
komplexwertige Funktionen zu erweitern. Auch hier können wir uns auf den Fall
von periodischen Funktionen f der Periodenlänge 2π beschränken. Dazu äquivalent
ist die 2π-Periodizität der reellwertigen Funktionen $\mathrm{Re}(f)$ (Realteil von f) und
$\mathrm{Im}(f)$ (Imaginärteil von f). Sofern beide Funktionen und damit auch f quadratintegrierbar sind, besteht nach Satz 2.2 eine Entwicklung von f als Fourierreihe

$$f(x) = \frac{\alpha_0}{2} + \sum_{k=1}^{\infty} \alpha_k \cos(kx) + \beta_k \sin(kx). \qquad (2.13)$$

Die darin auftretenden Koeffizienten α_k und β_k sind komplexwertig. Definieren wir
nun für $k \in \mathbb{Z}$

$$c_k = \begin{cases} \frac{1}{2}(\alpha_k - i\beta_k) & \text{für } k \geq 1, \\ \frac{1}{2}\alpha_0 & \text{für } k = 0, \\ \frac{1}{2}(\alpha_{-k} + i\beta_{-k}) & \text{für } k \leq -1, \end{cases}$$

so folgt die zur Reihenentwicklung (2.13) äquivalente Form

$$f(x) = \sum_{k \in \mathbb{Z}} c_k \, e^{ikx} \, .$$

Diese Darstellung bezeichnen wir als die **komplexe Fourierreihe** der Funktion f. In vollständiger Analogie zu Lemma folgt:

Lemma 2.2 (Vollständiges Orthonormalsystem, komplexe Form) *Das System der 2π-periodischen Funktionen*

$$\left\{ \frac{1}{2} e^{ikx} \mid k \in \mathbb{Z} \right\}$$

bildet ein vollständiges Orthonormalsystem des Hilbertraums $L^2([0, 2\pi], \mathbb{C})$. (Der Faktor $\frac{1}{2}$ stellt sicher, dass die angegebenen Funktionen bezüglich des Skalarprodukts (2.11) normiert sind).

Das Gegenstück zu Satz 2.2 ist:

Satz 2.3 (Entwicklung in Fourierreihen, komplexe Version) *Jede 2π-periodische Funktion $f \in L^2([0, 2\pi], \mathbb{C})$ besitzt eine eindeutige Darstellung als* **Fourierreihe**

$$f(x) = \sum_{k=-\infty}^{\infty} c_k \, e^{ikx} \, . \tag{2.14}$$

Die dabei auftretenden **Fourierkoeffizienten** *sind bestimmt durch*

$$c_k = \frac{1}{2\pi} \int_0^{2\pi} f(x) \, e^{-ikx} \, dx \tag{2.15}$$

(komplexe Euler-Fourier Formel).

Schließlich notieren wir noch die **Parsevalsche Gleichung**, die man durch Bilden der L^2-Norm auf beiden Seiten von (2.14) gewinnt:

$$\| f \|_{L^2([0,2\pi],\mathbb{C})}^2 = 2 \sum_{k=-\infty}^{\infty} |c_k|^2 \, . \tag{2.16}$$

Umgekehrt definiert jede Folge von Koeffizienten c_k, für die die Reihe auf der rechten Seite von (2.16) konvergiert, eine eindeutig bestimmte, quadratintegrierbare 2π-periodische Funktion f, deren Fourierkoeffizienten mit den Zahlen c_k übereinstimmen (Prinzip der **Fouriersynthese**).

2.3   Fouriertransformation

Die im letzten Abschnitt eingeführten Fourierreihen sind ein flexibel und vielseitig einsetzbares Hilfsmittel in der Analysis. Mit dem Problem der schwingenden Saite und dessen Lösung in Form einer Fourierreihe haben wir ein erstes Anwendungsbeispiel mit Bezug zu partiellen Differentialgleichungen kennengelernt. Die Entwicklung in eine Fourierreihe setzt jedoch zwingend die Periodizität der zugrundeliegenden Funktion voraus. In vielen interessanten Fällen ist diese Bedingung nicht erfüllt. Einen Ersatz bietet hier die Fouriertransformation, die wir in diesem Abschnitt kennenlernen. Ihre nützlichen analytischen Eigenschaften ähneln denen der Fourierreihen und erlauben die effiziente Lösung einer Vielzahl von partiellen Differentialgleichungen.

2.3.1   Definition und Rechenregeln

Unser Ausgangspunkt ist die folgende grundlegende Definition:

Definition 2.6 Für eine absolut integrierbare Funktion $f\colon \mathbb{R}^n \to \mathbb{C}$ nennen wir die durch

$$\hat{f}(y) = \frac{1}{(2\pi)^{\frac{n}{2}}} \int_{\mathbb{R}^n} f(x)\, e^{-i\langle x, y\rangle}\, dx \qquad (2.17)$$

definierte Funktion $\hat{f}\colon \mathbb{R}^n \to \mathbb{C}$ die **Fouriertransformierte von** f.

Hierbei ist $\langle x, y\rangle = \sum_{i=1}^{n} x_i y_i$ das euklidische Skalarprodukt von $x, y \in \mathbb{R}^n$. Die Fouriertransformation $\mathcal{F}\colon f \mapsto \hat{f}$ ist eine komplex-lineare Abbildung. Die

Voraussetzung der Absolutintegrierbarkeit wird benötigt, um sicherzustellen, dass das Integral in (2.17) existiert[2].

Vergleichen wir (2.17) mit der definierenden Gl. (2.15) für die Fourierkoeffizienten einer komplexwertigen periodischen Funktion, so zeigt sich eine formale Ähnlichkeit zwischen den beiden Konzepten. Diese Ähnlichkeit ist die Ursache dafür, dass viele der Rechenregeln für Fourierreihen eine Entsprechung für die Fouriertransformation besitzen.

Wir fassen einige für die praktische Anwendung der Fouriertransformation wichtige Rechenregeln zusammen:

Lemma 2.3 *Es bezeichne $\hat{f}$ die Fouriertransformierte der Funktion $f \in L^1(\mathbb{R}^n)$.*

(i) (1. Verschiebungsregel) Für jede Konstante $a \in \mathbb{R}^n$ und die durch $f_a(x) = f(x - a)$ definierte Funktion f_a gilt

$$\widehat{f_a}(y) = e^{-i\langle a, y \rangle} \hat{f}(y). \tag{2.18}$$

(ii) (2. Verschiebungsregel) Für jede Konstante $a \in \mathbb{R}^n$ und die durch $f_a(x) = e^{i\langle a, x \rangle} f(x)$ definierte Funktion f_a gilt

$$\widehat{f_a}(y) = \hat{f}(y - a).$$

(iii) (Ähnlichkeitsregel) Für jede Konstante $r > 0$ und die durch $f_r(x) = f(x/r)$ definierte Funktion f_r gilt

$$\widehat{f_r}(y) = r^n \hat{f}(ry).$$

Eine weitere, ganz besonders nützliche Eigenschaft der Fouriertransformation ist es, dass sie Ableitungen von Funktionen in Multiplikationen verwandelt, und umge-

---

[2] Ein Hintertürchen hält sich die Analysis in Form von Distributionen offen. Bezieht man diese mit ein, so lässt sich unter bestimmten Voraussetzungen auch Funktionen außerhalb von $L^1(\mathbb{R}^n)$ eine Fouriertransformierte zuweisen. Beispielsweise ist die Fouriertransformierte der Funktion $x \mapsto e^{iyx}$ die Diracsche Delta-Distribution $\delta(y)$ (bis auf einen skalaren Faktor); ein Zusammenhang von dem auch in Anwendungen (Quantenmechanik, Signalverarbeitung) häufig Gebrauch gemacht wird. Wir werden auf diese Erweiterung der Fouriertransformation im folgenden nicht eingehen.

kehrt. Um sogleich auch Funktionen in mehreren Variablen mit einbeziehen zu können, erweist sich die folgende Notation als zweckmäßig. Für eine differenzierbare Funktion $f: \mathbb{R}^n \to \mathbb{C}$ erklären wir den **Ableitungsoperator** D_k durch

$$D_k f = \frac{1}{i} \frac{\partial f}{\partial x_k} \qquad (k = 1, \ldots, n)$$

und den **Multiplikationsoperator** M_k durch

$$M_k f = x_k f \qquad (k = 1, \ldots, n).$$

Der Vorfaktor $1/i$ in der Definition von D_k wurde eingefügt, um die nachfolgenden Rechenregeln in kompakter Form schreiben zu können. Etwas allgemeiner definieren wir für einen Multiindex

$$\alpha = (\alpha_1, \ldots, \alpha_n) \qquad (\text{alle } \alpha_i \geq 0)$$

der Länge $|\alpha| = \alpha_1 + \ldots + \alpha_n$ die Funktionen

$$D^\alpha f = D_1^{\alpha_1} \circ \ldots \circ D_n^{\alpha_n} f$$

(sofern f entsprechend oft partiell differenzierbar ist) und

$$M^\alpha f = x_1^{\alpha_1} \ldots x_n^{\alpha_n} f.$$

Lemma 2.4 *Es sei α ein Multiindex der Länge $m = |\alpha|$.*

(i) **(Ableitungsregel)** *Die Funktion f sei m-fach partiell differenzierbar und es gelte $D^\alpha f \in L^1(\mathbb{R}^n)$. Dann ist*

$$\widehat{D^\alpha f} = M^\alpha \hat{f}. \tag{2.19}$$

(ii) **(Multiplikationsregel)** *Die Funktion f erfülle $M^\alpha f \in L^1(\mathbb{R}^n)$. Dann ist ihre Fouriertransformierte $\hat{f}$ m-fach partiell differenzierbar und es gilt*

$$\widehat{M^\alpha f} = (-1)^m D^\alpha \hat{f}.$$

Für jede Funktion $f \in L^1(\mathbb{R}^n)$ lässt sich zeigen, dass ihre Fouriertransformierte $\hat{f}$ eine stetige und beschränkte Funktion ist und $\hat{f}(y) \to 0$ für $|y| \to \infty$ erfüllt. Damit lässt sich die Ableitungsregel qualitativ so interpretieren, dass die Fouriertransformierte $\hat{f}$ von f für $|y| \to \infty$ umso schneller gegen 0 abfällt, je häufiger f partiell differenzierbar mit $D^\alpha f \in L^1(\mathbb{R}^n)$ ist.

2.3.2 Der Raum der schnellfallenden Funktionen

Der Raum der absolut integrierbaren Funktionen wird unter der Fouriertransformation nicht auf sich selbst abgebildet. Es ist daher sinnvoll, diese auf einen geeigneten, dabei möglichst großen Teilraum von $L^1(\mathbb{R}^n)$ einzuschränken, um eine bijektive Abbildung zu erhalten. Als neuen Funktionenraum definieren wir dazu den **Schwartz-Raum** bzw. **Raum der schnellfallenden Funktionen** durch

$$\mathcal{S}(\mathbb{R}^n) = \Big\{ f \in C^\infty(\mathbb{R}^n) \mid \text{die Funktion } M^\alpha D^\beta f$$

$$\text{ist beschränkt für jedes Multiindex-Paar } (\alpha, \beta) \Big\}.$$

Ein typischer Vertreter von $\mathcal{S}(\mathbb{R}^n)$ ist die Funktion $f \colon \mathbb{R}^n \to \mathbb{R}$, $f(x) = e^{-\|x\|^2}$, oder allgemeiner $f(x) = e^{-\|x\|^2} p(x)$ für jede Polynomfunktion $p(x) = p(x_1, \ldots, x_n)$. Glatte Funktionen mit kompaktem Träger[3] sind ebenfalls schnellfallend. Wir stellen einige grundlegende Eigenschaften von Funktionen in $\mathcal{S}(\mathbb{R}^n)$ zusammen:

Lemma 2.5 *Mit* $f, g \in \mathcal{S}(\mathbb{R}^n)$ *sind auch die folgenden Funktionen schnellfallend:*

(i) die Funktionen $D^\alpha f$ *und* $M^\alpha f$ *(α ein beliebiger Multiindex);*
(ii) das punktweise Produkt $f \cdot g$ *von* f *und* g;
(iii) das durch

$$f * g(x) = \int_{\mathbb{R}^n} f(y) g(x - y) \, dy$$

definierte **Faltungsprodukt** $f * g$.

---

[3] Als Träger (engl.: *support*) einer Funktion $f \colon \mathbb{R}^n \to \mathbb{C}$ bezeichnet man die abgeschlossene Menge $\operatorname{supp}(f) = \overline{\{x \in \mathbb{R}^n \mid f(x) \neq 0\}}$.

Die schnellfallenden Funktionen bilden einen Unterraum von $L^1(\mathbb{R}^n)$. Damit gelten die in Lemma 2.3 und Lemma 2.4 festgehaltenen Rechenregeln auch für diese Klasse von Funktionen. Darüber hinaus gilt der folgende Umkehrsatz. Dieser ist der eigentliche Grund dafür, den Raum $\mathcal{S}(\mathbb{R}^n)$ einzuführen.

Wir führen die folgende Notation ein: Für $f: \mathbb{R}^n \to \mathbb{C}$ erklären wir die Funktion $\check{f}$ durch $\check{f}(x) = f(-x)$.

Satz 2.4 (Umkehrsatz) *Die Fouriertransformation $\mathcal{F}$ bildet den Raum $\mathcal{S}(\mathbb{R}^n)$ bijektiv auf sich ab. Die Umkehrabbildung $\mathcal{F}^{-1}: \mathcal{S}(\mathbb{R}^n) \to \mathcal{S}(\mathbb{R}^n)$ bestimmt sich durch die Formel*

$$\mathcal{F}^{-1}f = \mathcal{F}\check{f}. \tag{2.20}$$

Ausführlich:

$$(\mathcal{F}^{-1}f)(x) = \frac{1}{(2\pi)^{\frac{n}{2}}} \int_{\mathbb{R}^n} f(y)\, e^{i\langle x,y\rangle}\, dy.$$

Unter der Fouriertransformation geht das punktweise Produkt zweier schnellfallender Funktionen in eine Faltung über, und umgekehrt.

Lemma 2.6 (Faltungslemma) *Es seien $f, g \in \mathcal{S}(\mathbb{R}^n)$. Dann gilt*

$$\hat{f} * \hat{g} = (2\pi)^{\frac{n}{2}} \widehat{f \cdot g} \tag{2.21}$$

und

$$\widehat{f * g} = (2\pi)^{\frac{n}{2}} \hat{f} \cdot \hat{g}.$$

Laplacegleichung

3

Mit diesem Kapitel kommen wir zum eigentlichen Thema des vorliegenden Lehrbuchs: der Analysis von partiellen Differentialgleichungen. Als ersten von drei Grundtypen betrachten wir dabei die homogene und die inhomogene Laplacegleichung. In späteren Kapiteln kommen noch die Wärmeleitungsgleichung und die Wellengleichung hinzu.

3.1 Physikalische Motivation

Die Laplacegleichung spielt eine herausragende Rolle in einer Vielzahl von mathematischen Teilgebieten wie auch in den Anwendungen in den Natur- und Ingenieurwissenschaften. In der Physik tritt sie im Zusammenhang mit der Beschreibung von Gleichgewichtszuständen auf. Einige Beispiele sind unten aufgeführt. Das Ziel, diese und verwandte Differentialgleichungen lösen zu können, gab der Entwicklung der Analysis wichtige Impulse.

Die **inhomogene Laplacegleichung** (bzw. **Poissongleichung**) ist die partielle Differentialgleichung

$$\underbrace{\frac{\partial^2 u}{\partial x_1^2} + \ldots + \frac{\partial^2 u}{\partial x_n^2}}_{=:\Delta u} = f \tag{3.1}$$

für eine (zweifach differenzierbare) Funktion $u : \mathbb{R}^n \to \mathbb{R}$. Die Funktion $f : \mathbb{R}^n \to \mathbb{R}$ ist dabei vorgegeben. Für die Nullfunktion $f \equiv 0$ erhalten wir die **homogene Laplacegleichung**. Ihre Lösungen heißen **harmonische Funktionen**. Den

J. Swoboda, *Grundkurs partielle Differentialgleichungen*, essentials,
https://doi.org/10.1007/978-3-662-67644-8_3

Ausdruck Δ bezeichnen wir als **Laplaceoperator**[1]. Sein wichtigstes Kennzeichen ist die Linearität: Für Funktionen $u, v : \mathbb{R}^n \to \mathbb{R}$ und Konstanten $\lambda, \mu \in \mathbb{R}$ ist

$$\Delta(\lambda u + \mu v) = \lambda \Delta u + \mu \Delta v.$$

Damit ist die Laplacegleichung eine lineare partielle Differentialgleichung zweiter Ordnung. Der Laplaceoperator (bzw. die skalaren Vielfachen hiervon) zeichnet sich gegenüber anderen Linearkombinationen von partiellen Ableitungen zweiter Ordnung durch die wichtige Eigenschaft der **Rotationsinvarianz** aus: Für jede Rotation $R : \mathbb{R}^n \to \mathbb{R}^n$ und jede zweifach differenzierbare Funktion $u : \mathbb{R}^n \to \mathbb{R}$ ist

$$\Delta(u \circ R) = \Delta u \circ R.$$

In der Physik fordert man, dass Naturgesetze ohne Rückgriff auf ein speziell gewähltes Koordinatensystem (d. h. koordinateninvariant) formuliert werden sollen. Wegen der daraus folgenden Rotationsinvarianz tritt der Laplaceoperator in natürlicher Weise bei der mathematischen Beschreibung einer Vielzahl von Naturgesetzen auf. So handelt es sich bei den folgenden Grundgleichungen der Physik um (in)homogene Laplacegleichungen:

- **Stationäre Wärmeleitungsgleichung** $\Delta u = 0$ der Thermodynamik: diese beschreibt eine stationäre Temperaturverteilung u in einem wärmeleitenden Körper.
- **Potentialgleichung** $\Delta \Phi = 4\pi G \rho$ der Newtonschen Gravitationstheorie: durch diese ist das Gravitationspotential Φ einer Masse mit Dichteverteilung ρ bestimmt (G: Gravitationskonstante).
- **Potentialgleichung** $\Delta \varphi = -\varepsilon_0^{-1} \rho$ der Elektrostatik: diese beschreibt den Zusammenhang zwischen der Ladungsverteilung ρ eines elektrisch geladenen Körpers und dem von diesem erzeugten elektrischen Potential φ (ε_0: elektrische Feldkonstante).

---

[1] Ganz allgemein bezeichnet man in der Funktionalanalysis lineare Abbildungen zwischen normierten Räumen als Operatoren. Die in diesem Buch auftretenden Differentialgleichungen sind alle von der Form $Lu = f$ für einen Differentialoperator L, d. h. einem Polynom in den partiellen Ableitungen $\frac{\partial}{\partial x_i}$.

3.2   Randwertprobleme

Zum Einstieg in die mathematische Behandlung der Poissongleichung in mehreren Variablen führen wir zunächst etwas Terminologie ein (vgl. Abb. 3.1):

- Ein **Gebiet** Ω ist eine zusammenhängende, beschränkte offene Teilmenge von $\mathbb{R}^n$ mit glattem Rand $\partial\Omega$.
- Ein **Einheitsnormalenvektor** $\nu(p) \in \mathbb{R}^n$ in einem Randpunkt $p \in \partial\Omega$ ist ein Vektor, der in p senkrecht auf dem Rand $\partial\Omega$ steht und Einheitslänge besitzt. Zu jedem $p \in \partial\Omega$ gibt es genau zwei Einheitsnormalenvektoren, die gegengleich zueinander sind.
- Ein **Einheitsnormalenvektorfeld** ν ist die Wahl eines Einheitsnormalenvektors für jeden Randpunkt $p \in \partial\Omega$. Wir fordern zusätzlich, dass ν stetig vom Randpunkt abhängt und betrachten im folgenden nur Gebiete Ω, die solch eine Wahl eines Einheitsnormalenfeldes zulassen. In diesem Fall wählen wir das Vektorfeld ν so, dass es überall nach außen zeigt.

Um auch Quader und ähnliche beschränkte offene Teilmengen von $\mathbb{R}^n$ nicht ausschließen zu müssen, schwächen wir an manchen Stellen die Definition eines Gebiets ab und setzen nur voraus, dass es einen stückweise glatten Rand besitzt. Normalenvektoren sind dann in den nicht-regulären Punkten des Randes undefiniert. Für die etwas technischen Einzelheiten hierzu sei auf das Buch [4] verwiesen.

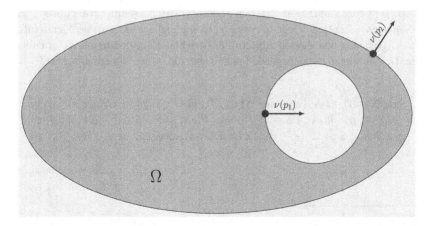

Abb. 3.1 Gebiet Ω mit nach außen zeigenden Einheitsnormalenvektoren $\nu(p_1)$ und $\nu(p_2)$

Vor dem Hintergrund unserer Überlegungen im Zusammenhang mit dem Problem der schwingenden Saite (vgl. § 2.2) erwarten wir, dass eine eindeutige Lösung der Poissongleichung auf einem Gebiet Ω nur unter Hinzunahme von Randbedingungen möglich ist. Zweckmäßige, auch aus Anwendungen motivierte Randbedingungen sind die **Dirichlet-Randbedingungen**

$$u(x) = 0$$

sowie die **Neumann-Randbedingungen**

$$\frac{\partial u}{\partial \nu}(x) = 0$$

für alle Randpunkte $x \in \partial\Omega$. Explizite Lösungen von Randwertaufgaben für einige wichtige Gebiete werden in § 3.2.2 und § 3.2.3 behandelt. Dem stellen wir zunächst die folgenden allgemeinen Überlegungen voran.

3.2.1 Entwicklung nach Eigenfunktionen

Aus der Kenntnis der Eigenwerte und Eigenvektoren einer diagonalisierbaren Matrix $A \in \mathbb{R}^{n \times n}$ lassen sich die Lösungen des linearen Gleichungssystems $Ax = y$ bestimmen. Dieses Grundprinzip der linearen Algebra hat eine Entsprechung für den Laplaceoperator. Auch hier ist die Bestimmung der dazugehörigen Eigendaten (Eigenfunktionen und Eigenwerte) ein wichtiger Zwischenschritt bei der Lösung der inhomogenen Laplacegleichung $\Delta u = f$. Eine grundlegende Aussage hierzu trifft das folgende Lemma, das wir zunächst für **Dirichlet-Randbedingungen** formulieren. Der diesem zugrundeliegende Funktionenraum ist der Hilbertraum $L^2(\Omega)$.

Satz 3.1 *Wie oben bezeichne* $\Omega \subset \mathbb{R}^n$ *ein beschränktes Gebiet mit stückweise glattem Rand. Dann gibt es zum Eigenwertproblem[2]* $-\Delta g = \lambda g$ *für eine Funktion* $g : \Omega \to \mathbb{R}$, *die die Dirichlet-Randbedingungen erfüllt, abzähl-*

---

[2] Der Grund für das negative Vorzeichen $-\Delta$ in der Eigenwertgleichung ist, dass mit dieser Konvention die Eigenwerte λ_j positiv sind. Häufig definiert man den Laplaceoperator von vornherein mit negativem Vorzeichen.

bar unendlich viele Eigenwerte $0 < \lambda_1 < \lambda_2 < \lambda_3 < \ldots$ ohne Häufungspunkte. Die dazugehörigen Eigenräume E_{λ_i} sind endlich-dimensional und besitzen eine Orthonormalbasis $\{g_{\lambda_i,1}, \ldots, g_{\lambda_i,n_i}\}$. Die Vereinigung dieser Orthonormalbasen stellt ein vollständiges Orthonormalsystem des Hilbertraums $L^2(\Omega)$ dar.

Der Index $n_i = \dim E_{\lambda_i}$ gibt also die **Vielfachheit** an, mit der der Eigenwert λ_i auftritt. Für ein zusammenhängendes Gebiet Ω ist stets $n_1 = 1$. Das Lemma verallgemeinert unsere Überlegungen im Falle eines Intervalls, wo die entsprechenden Eigenwerte und Eigenfunktionen explizit bestimmt werden konnten. Dank des Satzes 3.1 überträgt sich die Aussage des allgemeinen Entwicklungssatzes 2.1 auf die vorliegende Situation. Damit besitzt jede quadratintegrierbare Funktion $f \colon \Omega \to \mathbb{R}$ eine bezüglich der L^2-Norm konvergente Reihenentwicklung

$$f(x) = \sum_{i=1}^{\infty} \sum_{j=1}^{n_i} f_{\lambda_i,j} g_{\lambda_i,j}(x)$$

mit Koeffizienten

$$f_{\lambda_i,j} = \langle g_{\lambda_i,j}, f \rangle_{L^2} = \int_{\Omega} g_{\lambda_i,j}(x) f(x) \, dx.$$

Diese Überlegungen wenden wir nun an, um eine Lösung des Randwertproblems für die Poissongleichung (3.1) zu finden. Genau wie f schreiben wir die zu bestimmende Lösung $u \colon \Omega \to \mathbb{R}$ als Reihe

$$u(x) = \sum_{i=1}^{\infty} \sum_{j=1}^{n_i} u_{\lambda_i,j} g_{\lambda_i,j}(x)$$

und setzen diese in die Differentialgleichung ein. Es folgt

$$\Delta u(x) = \sum_{i=1}^{\infty} \sum_{j=1}^{n_i} u_{\lambda_i,j} \Delta g_{\lambda_i,j}(x) = -\sum_{i=1}^{\infty} \sum_{j=1}^{n_i} \lambda_i u_{\lambda_i,j} g_{\lambda_i,j}(x)$$

$$= \sum_{i=1}^{\infty} \sum_{j=1}^{n_i} f_{\lambda_i,j} g_{\lambda_i,j}(x).$$

Die beiden Seiten stimmen genau dann überein, wenn sie für jeden einzelnen Term
gleich sind (**Prinzip des Koeffizientenvergleichs**). Für jedes λ_i und j ergibt sich
hieraus die Bedingung

$$-\lambda_i u_{\lambda_i,j}(x) = f_{\lambda_i,j}(x).$$

Nach Auflösen nach $u_{\lambda_i,j}(x)$ (es ist $\lambda_i \neq 0$) gelangt man so zu der Lösungsformel

$$u(x) = -\sum_{i=1}^{\infty}\sum_{j=1}^{n_i} \lambda_i^{-1} f_{\lambda_i,j} g_{\lambda_i,j}(x). \tag{3.2}$$

Diese Überlegungen lassen sich weitgehend auf das Randwertproblem unter **Neumann-Randbedingungen** übertragen. Die Aussage von Satz 3.1 gilt in diesem Fall
weiter, mit dem folgenden wichtigen Unterschied. Weil nun auch die konstanten
Funktionen $u \equiv c$ mit $c \neq 0$ Eigenfunktionen sind, beginnt die Liste der Eigenwerte
für das Eigenwertproblem $\Delta g = -\mu g$ jetzt mit dem Eigenwert $\mu_0 = 0$. Für
eine Lösung $u \colon \Omega \to \mathbb{R}$ der Poissongleichung $\Delta u = f$ zu gegebener Funktion
$f \colon \Omega \to \mathbb{R}$ folgt durch Integration beider Seiten, dass

$$\int_\Omega f(x)\,\mathrm{d}x = \int_\Omega \Delta u(x)\,\mathrm{d}x = \int_\Omega \Delta u(x) \cdot 1\,\mathrm{d}x$$

$$\overset{(*)}{=} \int_\Omega u(x) \cdot \Delta 1\,\mathrm{d}x = \int_\Omega u(x) \cdot 0\,\mathrm{d}x = 0.$$

Dabei wurde bei der Umformung $(*)$ von der Greenschen Formel (4.2) Gebrauch
gemacht, die wir in § 4.1 kennenlernen werden. Für die Lösbarkeit der Poissongleichung folgt als notwendige Bedingung, dass das Integralmittel $\int_\Omega f(x)\,\mathrm{d}x$ von
f verschwindet. Diese Bedingung ist auch hinreichend. In diesem Fall besitzt die
Lösung u die zu (3.2) analoge Reihendarstellung

$$u(x) = -\sum_{i=1}^{\infty}\sum_{j=1}^{n_i} \mu_i^{-1} f_{\mu_i,j} g_{\mu_i,j}(x).$$

Die Summation hierin erfolgt über alle **positiven** Eigenwerte $\mu_i > 0$.

3.2.2 Rechteckgebiete

Als erste Anwendung der oben hergeleiteten Lösungsformel (3.2) betrachten wir das **Rechteckgebiet** $\Omega = (0, L_1) \times (0, L_2)$ in $\mathbb{R}^2$. Für dieses lautet die Poissongleichung

$$\Delta u(x) = \frac{\partial^2 u}{\partial x_1^2}(x) + \frac{\partial^2 u}{\partial x_2^2}(x) = f(x)$$

für eine zu bestimmende Funktion $u : \Omega \to \mathbb{R}$. Es sollen Dirichlet-Randbedingungen zugrunde gelegt werden:

$$\begin{cases} u(x_1, 0) = u(x_1, L_2) = 0 & \text{für } 0 < x_1 < L_1, \\ u(0, x_2) = u(L_1, x_2) = 0 & \text{für } 0 < x_2 < L_2. \end{cases}$$

Um die Lösungsformel (3.2) anwenden zu können, müssen zunächst die Eigendaten des Laplaceoperators unter diesen Randbedingungen bestimmt werden. Zum Ziel führt dabei ein Superpositionsansatz. Dazu berechnen wir für eine zunächst noch beliebige (zweifach differenzierbare) Funktion $g(x_1, x_2) = g_1(x_1)g_2(x_2)$:

$$\Delta g(x_1, x_2) = \left(\frac{\partial^2}{\partial x_1^2} + \frac{\partial^2}{\partial x_2^2} \right) g_1(x_1)g_2(x_2) = g_1''(x_1)g_2(x_2) + g_1(x_1)g_2''(x_2).$$

Einsetzen in die Eigenwertgleichung ergibt

$$g_1''(x_1)g_2(x_2) + g_1(x_1)g_2''(x_2) = -\lambda g_1(x_1)g_2(x_2).$$

Separieren der Terme, die nur von x_1 bzw. nur von x_2 abhängen, führt auf die dazu äquivalente Bedingung

$$\frac{g_1''(x_1)}{g_1(x_1)} = -\frac{g_2''(x_2)}{g_2(x_1)} - \lambda.$$

Die linke Seite der Gleichung hängt nur von x_1, die rechte Seite nur von x_2 ab. Damit sind beide Seiten gleich einer Konstanten $-c$:

$$\frac{g_1''(x_1)}{g_1(x_1)} = -c \quad \text{und} \quad \frac{g_2''(x_2)}{g_2(x_2)} = -\lambda + c.$$

Die allgemeine Lösung der Differentialgleichung für g_1 ist

$$g_1(x) = A \cos(\sqrt{c}x_1) + B \sin(\sqrt{c}x_1)$$

für Konstanten $A, B \in \mathbb{R}$. Hierin sind die Randbedingungen $g_1(0) = g_1(L_1) = 0$ noch nicht berücksichtigt. Diese erzwingen, dass $A = 0$ und $\sqrt{c}L_1 = \pi k_1$ für eine ganze Zahl $k_1 \geq 1$ zu wählen ist. Damit ist die Konstante c festgelegt:

$$c = \left(\frac{\pi k_1}{L_1}\right)^2.$$

In analoger Weise folgt aus der Differentialgleichung für g_2 und der geforderten Randbedingung $g_2(0) = g_2(L_2) = 0$ die Bedingung

$$\lambda - c = \left(\frac{\pi k_2}{L_2}\right)^2$$

für eine ganze Zahl $k_2 \geq 1$. Auflösen nach λ ergibt

$$\lambda = \left(\frac{\pi k_1}{L_1}\right)^2 + \left(\frac{\pi k_2}{L_2}\right)^2$$

und damit die Eigenwerte des Laplaceoperators. Die dazugehörigen Eigenfunktionen sind die skalaren Vielfachen ungleich der Nullfunktion von

$$g_\lambda(x_1, x_2) = \sqrt{\frac{2}{L_1} \cdot \frac{2}{L_2}} \sin\left(\frac{\pi k_1 x_1}{L_1}\right) \sin\left(\frac{\pi k_2 x_2}{L_2}\right).$$

Der Vorfaktor dient der Normierung und wurde so bestimmt, dass $\|g_\lambda\|_{L^2(\Omega)} = 1$ erfüllt ist. Es lässt sich zeigen, dass mit dem gewählten Separationsansatz alle Lösungen des Eigenwertproblems $\Delta g = -\lambda g$ unter Dirichlet-Randbedingungen gefunden wurden. Die Familie der Funktionen $\{g_\lambda\}$ bildet also ein vollständiges Orthonormalsystem des Hilbertraums $L^2(\Omega)$. Durch Einsetzen der Eigendaten in die Lösungsformel (3.2) ist die Poissongleichung auf Ω für eine vorgegebene Funktion f somit vollständig gelöst.

Die Vorgehensweise bei der Lösung der Eigenwertgleichung $\Delta g = \lambda g$ auf **verallgemeinerten Quadern**

$$\Omega = (0, L_1) \times \ldots \times (0, L_n) \subset \mathbb{R}^n$$

erfordert nur geringfügige Modifikationen, die hier nicht ausgeführt werden sollen.

3.2.3 Kreisscheibe

Als weiteren Anwendungsfall suchen wir nach Lösungen der Poissongleichung auf der **Kreisscheibe**

$$\mathbb{D}_R = \left\{ (x, y) \in \mathbb{R}^2 \mid x^2 + y^2 < R^2 \right\}.$$

Dazu ist es zweckmäßig zu Polarkoordinaten $(r, \varphi) \in (0, \infty) \times [0, 2\pi)$ mit

$$(x, y) = (r \cos(\varphi), r \sin(\varphi))$$

überzugehen. Dabei lassen wir außer acht, dass die Polarkoordinaten des Ursprungspunktes $(x, y) = (0, 0)$ undefiniert sind. Durch Einsetzen in die definierende Gleichung ergibt sich hieraus die Darstellung des Laplaceoperators in der Form

$$\Delta f(r, \varphi) = \frac{\partial^2 f}{\partial r^2}(r, \varphi) + \frac{1}{r} \cdot \frac{\partial f}{\partial r}(r, \varphi) + \frac{1}{r^2} \cdot \frac{\partial^2 f}{\partial \varphi^2}(r, \varphi). \tag{3.3}$$

Zur Lösung der Poissongleichung auf $\mathbb{D}_R$ verfahren wir wie zuvor und bestimmen zunächst die Lösungen der Eigenwertgleichung $-\Delta g = \lambda g$ unter Dirichlet- bzw. Neumann-Randbedingungen. Auch hier führt ein Separationsansatz zum Ziel. Mit

$$g(r, \varphi) = v(r) w(\varphi)$$

für Funktionen v und w mit $v(R) = 0$ (Dirichlet-Randbedingungen) bzw. $\partial_r v(R) = 0$ (Neumann-Randbedingungen) und der Periodizitätsbedingung $w(0) = w(2\pi)$ lautet die Eigenwertgleichung

$$v''(r)w(\varphi) + \frac{1}{r}v'(r)w(\varphi) + \frac{1}{r^2}v(r)w''(\varphi) = -\lambda v(r)w(\varphi).$$

Sortieren nach den Termen, die nur r bzw. nur φ enthalten, führt auf die Bedingung

$$-\frac{w''(\varphi)}{w(\varphi)} = \frac{r^2 v''(r) + r v'(r)}{v(r)} + \lambda r^2.$$

Es folgt, dass beide Seiten gleich einer Konstanten $c \in \mathbb{R}$ sind. Die Lösung für w unter der angegebenen Periodizitätsbedingung lautet

$$w(\varphi) = A \cos(m\varphi) + B \sin(m\varphi)$$

für eine ganze Zahl $m \geq 0$ und beliebige Konstanten A und B. Damit ist $c = m^2$ und wir erhalten für die Funktion v die Differentialgleichung

$$r^2 v''(r) + r v'(r) + (\lambda r^2 - m^2) v(r) = 0.$$

Mittels der Substitution $s^2 = \lambda r^2$ lässt sich die Konstante λ eliminieren. Bei der hieraus resultierenden Differentialgleichung

$$s^2 v''(s) + s v'(s) + (s^2 - m^2) v(s) = 0$$

handelt es sich um die **Besselsche Differentialgleichung.** Im Gegensatz zu den gewöhnlichen Differentialgleichungen, denen wir bislang begegnet sind, ist sie nicht in geschlossener Form lösbar. Zu jedem $m \geq 0$ existieren zwei auf $(0, \infty)$ definierte, linear unabhängige Lösungen J_m und Y_m. Diese werden als **Bessel-Funktion erster** bzw. **zweiter Art** bezeichnet. Für die Lösung der Poissongleichung sind nur die Funktionen J_m von Interesse, denn diese besitzen wegen

$$\lim_{s \to 0} J_m(s) = \begin{cases} 1 & \text{für } m = 0, \\ 0 & \text{für } m \geq 1 \end{cases}$$

eine stetige Fortsetzung in $s = 0$ (vgl. Abb. 3.2). Die Absolutbeträge der Funktionswerte $J_m(s)$ verhalten sich für $s \to \infty$ asymptotisch wie $s^{-\frac{1}{2}}$. Die Funktionen J_m besitzen eine unendliche Folge von einfachen Nullstellen $j_{m,0} < j_{m,1} < j_{m,2} < \cdots$ ohne Häufungspunkte.

Um die Dirichlet-Randbedingungen zu erfüllen, schränken wir die Funktion J_m auf das Intervall $0 \leq s \leq j_{m,k}$ für ein festes $k \geq 1$ (bzw. $k \geq 0$ für $m = 0$) ein. Unter der Resubstitution $r = s/\sqrt{\lambda}$ muss dieses Intervall in das oben festgelegte

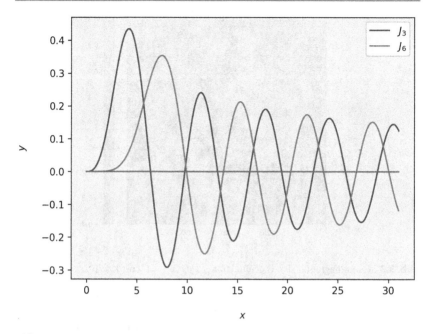

Abb. 3.2 Graphen der Bessel-Funktionen J_3 und J_6

Intervall $0 \leq r \leq R$ übergehen. Diese Bedingung legt die Konstante λ fest, denn es muss $R = j_{m,k}/\sqrt{\lambda}$ bzw. $\lambda = j_{m,k}^2/R^2$ gelten. Als Ergebnis dieser Überlegungen halten wir fest:

Lemma 3.1 *Sämtliche Lösungen der Eigenwertgleichung* $-\Delta g = \lambda g$ *auf der Kreisscheibe* $\mathbb{D}_R$ *unter Dirichlet-Randbedingungen sind gegeben durch die Funktionen*

$$g_{m,k}(r, \varphi) = (A\cos(m\varphi) + B\sin(m\varphi))\, J_m\left(\frac{j_{m,k}\, r}{R}\right)$$

mit ganzzahligen $m \geq 0$ *und* $k \geq 1$ *(bzw.* $k \geq 0$ *für* $m = 0$*) und beliebigen A und B (nicht beide gleich 0 und* $A \neq 0$ *im Fall* $m = 0$*). Die dazugehörigen Eigenwerte sind* $\lambda = j_{m,k}^2/R^2$*. Die Eigenräume zu festem* λ *haben für* $m \geq 1$ *die Dimension 2 und für* $m = 0$ *die Dimension 1.*

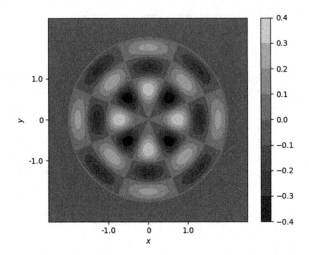

Abb. 3.3 Konturdiagramm der Eigenfunktion $g_{4,3}(r, \varphi) = \cos(4\varphi)J_4(j_{4,3}r/2)$ auf der Kreisscheibe mit Radius $R = 2$

Ähnliche Überlegungen führen zu einer Beschreibung der Lösungen der Eigenwertgleichung unter Neumann-Randbedingungen. Abb. 3.3 zeigt die Eigenfunktion $g_{4,3}(r, \varphi) = \cos(4\varphi)J_4(j_{4,3}r/2)$ zu den Parameterwerten $(m, k) = (4, 3)$ auf der Kreisscheibe mit Radius $R = 2$.

Grundlösung der Laplacegleichung und Greensche Funktionen

4

Der bislang verfolgte Superpositionsansatz zur Lösung der inhomogenen Laplacegleichung $\Delta u = f$ setzt die Beschränktheit des zugrundeliegenden Gebiets $\Omega \subset \mathbb{R}^n$ voraus. In einer Vielzahl von interessanten Anwendungsfällen ist diese Voraussetzung jedoch verletzt. So beispielsweise für $\Omega = \mathbb{R}^n$. Diesen Fall nehmen wir zunächst in den Blick und leiten hierfür eine Integraldarstellung der Lösung her. Zusatzüberlegungen erlauben es anschließend, Integralformeln auch für berandete Gebiete zu gewinnen.

4.1 Herleitung der Grundlösung

Unsere Vorgehensweise bei der Lösung der inhomogenen Laplacegleichung für eine gegebene Funktion $f \colon \mathbb{R}^n \to \mathbb{R}$ ist aus der Physik motiviert. Bis auf physikalische Konstanten tritt dieser Gleichungstyp beispielsweise bei der Beschreibung des von einem Körper mit der Masseverteilung f erzeugten Gravitationspotentials u auf. Denken wir uns diesen idealisiert als eine Ansammlung von Punktmassen, so erhalten wir u aufgrund der Linearität der Poissongleichung als die Superposition der Gravitationspotentiale der einzelnen Punktmassen. Wir werden diese lediglich heuristische Vorstellung hier nicht mathematisch präzisieren. Sie dient uns aber als Leitfaden und motiviert die Vorgehensweise, zunächst nach rotationsinvarianten Funktionen $u \colon \mathbb{R}^n \to \mathbb{R}$ zu suchen, die außerhalb eines fest gewählten Punktes $x \in \mathbb{R}^n$ (der gedachten Punktmasse) die homogene Gleichung $\Delta u = 0$ erfüllen und in x eine Singularität aufweisen.

Ausgangspunkt unserer Überlegungen ist das **Newton-Potential**, das Gravitationspotential einer im Urprungspunkt $x = 0$ von $\mathbb{R}^3$ konzentrierten Punktmasse m.

J. Swoboda, *Grundkurs partielle Differentialgleichungen*, essentials, https://doi.org/10.1007/978-3-662-67644-8_4

Hierbei handelt es sich um die auf $\mathbb{R}^3 \setminus \{0\}$ definierte Funktion

$$u(x) = -\frac{Gm}{r} \quad (r = \|x\|),$$

wobei G die Gravitationskonstante bezeichnet. Diese Modellsituation soll auf $\mathbb{R}^n$ übertragen werden. Anstelle von kartesischen Koordinaten $(x_1, \ldots, x_n)$ arbeiten wir dazu mit Polarkoordinaten $(r, \varphi_1, \ldots, \varphi_{n-1})$ auf $\mathbb{R}^n \setminus \{0\}$; diese sind der rotationssymmetrischen Situation am besten angepasst. Analog zur Darstellung (3.3) hat der Laplaceoperator in Polarkoordinaten die Form

$$\Delta u = \frac{\partial^2 u}{\partial r^2} + \frac{n-1}{r} \frac{\partial u}{\partial r} + \frac{1}{r^2} \{\text{Ableitungsterme 1. und 2. Ordnung in } \varphi_i\}\, u.$$

Für eine rotationsinvariante Funktion $u \colon \mathbb{R}^n \to \mathbb{R}$ hängt der Funktionswert $u(x) = u(r, \varphi_1, \ldots, \varphi_{n-1})$ nur von der radialen Koordinate r ab. Da wir zunächst nur an solchen Funktionen interessiert sind, können wir $u(x) = u(r)$ annehmen. Damit ist

$$\Delta u = \frac{\partial^2 u}{\partial r^2} + \frac{n-1}{r} \frac{\partial u}{\partial r}. \tag{4.1}$$

Zur Bestimmung einer harmonischen Funktion $u = u(r)$ machen wir den Lösungsansatz $u(r) = r^\alpha$ mit einer Konstanten $\alpha \in \mathbb{R}$ und erhalten durch Einsetzen in (4.1) die Bedingung

$$\alpha(\alpha - 1)r^{\alpha-2} + (n-1)\alpha r^{\alpha-2} = 0,$$

also $\alpha = 0$ und $u \equiv$ const oder $\alpha = 2 - n$. Für $n \neq 2$ folgt die nichttriviale Lösung

$$u(r) = r^{2-n}.$$

Für $n = 3$ ist die resultierende Funktion $u(r) = r^{-1}$ bis auf Konstanten das Newton-Potential. Der Fall $n = 2$ nimmt eine Sonderrolle ein. Obige Differentialgleichung lautet dann

$$\frac{\partial^2 u}{\partial r^2} + \frac{1}{r} \frac{\partial u}{\partial r} = 0$$

und besitzt neben $u \equiv$ const die weitere Lösung $u(r) = \log(r)$. In allen Fällen (außer für $n = 1$; dieser Fall soll ausgeklammert werden) weist die so gefundene Funktion u wie gefordert eine Singularität im Ursprungspunkt $r = 0$ auf. Diese wird bei der anschließenden Konstruktion von allgemeinen Lösungen der Poissongleichung eine wichtige Rolle spielen. Zunächst halten wir das Ergebnis unserer bisherigen Überlegungen in einer Definition fest:

Definition 4.1 Die auf $\mathbb{R}^n \setminus \{0\}$ definierten Funktion Γ mit

$$\Gamma(x) = \Gamma(r) = \begin{cases} -\frac{1}{2\pi}\log(r) & \text{für } n = 2, \\ \frac{1}{(n-2)\omega_n} r^{2-n} & \text{für } n \geq 3, \end{cases}$$

heißt **Grundlösung** der Laplacegleichung auf $\mathbb{R}^n$.

Hierin bezeichnet ω_n den Oberflächeninhalt der Einheitssphäre $\{x \in \mathbb{R}^n \mid \|x\| = 1\}$ in $\mathbb{R}^n$. Beispielsweise ist $\omega_3 = 4\pi$ und $\omega_4 = 2\pi^2$.

Wir beleuchten die Bedeutung der Grundlösung noch etwas genauer und suchen nach einer anschaulichen Interpretation des Ausdrucks $\Delta\Gamma$. Zwar erfüllt Γ die homogene Laplacegleichung $\Delta\Gamma = 0$, denn die oben angestellten Überlegungen dienten ja gerade dem Zweck, eine solche Lösung zu konstruieren. Diese und der Ausdruck $\Delta\Gamma$ sind jedoch in $x = 0$ undefiniert. Die neue Idee besteht nun darin, eine beliebige glatte Funktion $u \colon \mathbb{R}^n \to \mathbb{R}$ zu wählen und anstelle des nicht überall definierten Terms $\Delta\Gamma \cdot u$ den Ausdruck $\Gamma \cdot \Delta u$ zu betrachten. Der Einfachheit halber konzentrieren wir uns auf den Fall $n = 3$. Die folgenden Überlegungen übertragen sich mit wenigen Anpassungen auf beliebige Dimensionen. Zusätzlich setzen wir noch voraus, dass u kompakten Träger besitzt, dieser also in einem Ball $B_R(0)$ mit hinreichend großem Radius $R > 0$ enthalten ist. Der Schlüssel zu einer geeigneten Interpretation des Ausdrucks $\Delta\Gamma$ ist das Integral

$$I = \int_{\mathbb{R}^3} \Gamma(y)\Delta u(y)\,\mathrm{d}y = \int_{B_R(0)} \Gamma(y)\Delta u(y)\,\mathrm{d}y.$$

Für dieses suchen wir nach einer passenden Umformung und Vereinfachung. Dazu greifen wir auf die folgende, auch in anderen Zusammenhängen nützliche Identität zurück:

$$\int_\Omega \Delta u(y) \cdot v(y)\,\mathrm{d}y - \int_\Omega u(y) \cdot \Delta v(y)\,\mathrm{d}y$$
$$= \int_{\partial\Omega} \frac{\partial u}{\partial \nu}(y) \cdot v(y) - u(y) \cdot \frac{\partial v}{\partial \nu}(y)\,\mathrm{d}S \tag{4.2}$$

für glatte Funktionen $u, v \colon \bar{\Omega} \to \mathbb{R}$. Diese sogenannte **Greensche Formel** gilt für jedes beschränkte Gebiet $\Omega \subset \mathbb{R}^n$ mit stückweise glattem Rand $\partial\Omega$. Hierin bezeichnet ν das nach außen weisende Einheitsnormalenvektorfeld längs $\partial\Omega$ sowie dS dessen Oberflächenelement, vgl. die zu Beginn von §3.2 festgelegten Konventionen. Die Greensche Formel kann als mehrdimensionale Erweiterung der partiellen Integration aufgefasst werden und folgt aus dieser. Für nähere Einzelheiten verweisen wir auf die Darstellung in [4]. Wir werden die Greensche Formel für Funktionen auf $B_R(0) \setminus B_\varepsilon(0)$ anwenden. Dieses Gebiet wird von den beiden Sphären $\{y \in \mathbb{R}^3 \mid \|y\| = \varepsilon\}$ und $\{y \in \mathbb{R}^3 \mid \|y\| = R\}$ berandet. In Polarkoordinaten $(r, \varphi_1, \varphi_2)$ lautet das Volumenelement von $\mathbb{R}^3$

$$dy = r^2 \cos(\varphi_2)\, dr\, d\varphi_1\, d\varphi_2 \,.$$

Die innere Sphäre $\{y \in \mathbb{R}^3 \mid \|y\| = \varepsilon\}$ besitzt das Oberflächenelement

$$dS = \varepsilon^2 \cos(\varphi_2)\, d\varphi_1\, d\varphi_2 \,.$$

Die dort durch das nach außen zeigende Einheitsnormalenvektorfeld ν von $B_R(0) \setminus B_\varepsilon(0)$ definierte Richtungsableitung lautet

$$\frac{\partial}{\partial \nu} = -\frac{\partial}{\partial r},$$

und ähnlich (aber mit umgekehrtem Vorzeichen) für die äußere Sphäre.

Zur Vereinfachung des Integrals I unterteilen wir den Integrationsbereich in den Ball $B_\varepsilon(0)$ ($\varepsilon < R$ hinreichend klein) und einen „unproblematischen" Bereich $B_R(0) \setminus B_\varepsilon(0)$:

$$I = \int_{B_\varepsilon(0)} \Gamma(y)\Delta u(y)\, dy + \int_{B_R(0)\setminus B_\varepsilon(0)} \Gamma(y)\Delta u(y)\, dy \,.$$

Der Integrand auf der rechten Seite ist die glatte Funktion $\Gamma(y)\Delta u(y)$. Unter Verwendung der Greenschen Formel lässt er sich auf die folgende Weise umformen:

$$\int_{B_R(0)\setminus B_\varepsilon(0)} \Gamma(y)\Delta u(y)\, dy = \int_{B_R(0)\setminus B_\varepsilon(0)} \Delta\Gamma(y)u(y)\, dy$$
$$- \int_{\|y\|=\varepsilon} \Gamma(y)\frac{\partial u}{\partial r}(y)\, dS + \int_{\|y\|=\varepsilon} \frac{\partial \Gamma}{\partial r}(y)u(y)\, dS \,.$$

Die äußere Sphäre $\{y \in \mathbb{R}^3 \mid \|y\| = R\}$ trägt keine Randterme bei, weil nach Annahme der Träger der Funktion u im Inneren von $B_R(0)$ enthalten ist. Nun ist $\Delta\Gamma = 0$ auf $B_R(0) \setminus B_\varepsilon(0)$, woraus

$$I = \int_{B_\varepsilon(0)} \Gamma(y)\Delta u(y)\,dy - \int_{\|y\|=\varepsilon} \Gamma(y)\frac{\partial u}{\partial r}(y)\,dS + \int_{\|y\|=\varepsilon} \frac{\partial\Gamma}{\partial r}(y)u(y)\,dS \quad (4.3)$$

folgt. Nun vollziehen wir auf der rechten Seite der Gleichung den Grenzübergang $\varepsilon \to 0$. Man beachte: die linke Seite I hängt nicht von ε ab. Mit Definition 4.1 (Fall $n = 3$, $\|y\| = r$) ist

$$\Gamma(y) = \frac{1}{4\pi r} \quad \text{und} \quad \partial_r \Gamma(y) = -\frac{1}{4\pi r^2}.$$

Weil Δu eine glatte Funktion ist, gibt es eine Schranke $C > 0$ mit $|\Delta u(y)| < C$ für alle y. Damit können wir abschätzen

$$\left| \int_{B_\varepsilon(0)} \Gamma(y)\Delta u(y)\,dy \right| \leq C \int_{B_\varepsilon(0)} \frac{1}{4\pi r}\,dy\,.$$

Mit dem obigen Ausdruck für das Volumenelement in Polarkoordinaten folgt

$$C \int_{B_\varepsilon(0)} \frac{1}{4\pi r}\,dy = C \int_{-\frac{\pi}{2}}^{\frac{\pi}{2}} \int_0^{2\pi} \int_0^\varepsilon \frac{r\cos(\varphi_2)}{4\pi}\,dr\,d\varphi_1\,d\varphi_2 \longrightarrow 0$$

für $\varepsilon \to 0$. Ebenso folgt, dass das mittlere Integral in (4.3) für $\varepsilon \to 0$ gegen 0 konvergiert. Es bleibt, den letzten Integralausdruck zu betrachten. Dieser stellt sich als der eigentlich interessante Term heraus. Hierzu vereinfachen wir

$$\int_{\|y\|=\varepsilon} \frac{\partial\Gamma}{\partial r}(y)u(y)\,dS = \int_{-\frac{\pi}{2}}^{\frac{\pi}{2}} \int_0^{2\pi} -\frac{u(y)}{4\pi\varepsilon^2}\,\varepsilon^2 \cos(\varphi_2)\,d\varphi_1\,d\varphi_2$$

$$= \int_{-\frac{\pi}{2}}^{\frac{\pi}{2}} \int_0^{2\pi} -\frac{u(y)}{4\pi}\cos(\varphi_2)\,d\varphi_1\,d\varphi_2\,.$$

Weil u eine glatte Funktion ist, konvergiert $u(y) \to u(0)$ für $\varepsilon \to 0$ gleichmäßig für alle y mit $\|y\| = \varepsilon$. Das Integral konvergiert damit gegen den Wert

$$u(0) \int_{-\frac{\pi}{2}}^{\frac{\pi}{2}} \int_0^{2\pi} -\frac{1}{4\pi}\cos(\varphi_2)\,d\varphi_1\,d\varphi_2 = -u(0),$$

denn

$$\int_{-\frac{\pi}{2}}^{\frac{\pi}{2}} \int_0^{2\pi} \cos(\varphi_2)\,\mathrm{d}\varphi_1\,\mathrm{d}\varphi_2 = 2\pi \int_{-\frac{\pi}{2}}^{\frac{\pi}{2}} \cos(\varphi_2)\,\mathrm{d}\varphi_2 = 4\pi$$

ist der Oberflächeninhalt der Einheitssphäre in $\mathbb{R}^3$. Zusammengefasst erhalten wir als Ergebnis die Beziehung

$$I = \int_{B_R(0)} \Gamma(y)\Delta u(y)\,\mathrm{d}y = -u(0) \tag{4.4}$$

für jede glatte Funktion $u \colon \mathbb{R}^3 \to \mathbb{R}$ mit Träger in $B_R(0)$. Der Integralausdruck auf der linken Seite liefert also gerade den Funktionswert $-u(0)$ zurück. Er gilt unverändert für die Räume $\mathbb{R}^n$ anstelle von $\mathbb{R}^3$ und die darauf definierten Grundlösungen Γ. Diese Darstellung lässt sich in der Sprache der Distributionen dahingehend interpretieren, dass $-\Delta\Gamma$ gleich der Diracschen Delta-Distribution im Punkt $x = 0$ ist:

$$-\Delta\Gamma = \delta(0).$$

Aber Obacht: als Funktion ist Γ lediglich auf $\mathbb{R}^n \setminus \{0\}$ definiert und nur dort gilt die Beziehung $\Delta\Gamma = 0$.

4.2   Poissonsche Darstellungsformel

Mittels der Integralformel (4.4) lässt sich der Funktionswert $u(0)$ der Funktion $u \colon \mathbb{R}^n \to \mathbb{R}$ aus $\Delta u \colon \mathbb{R}^n \to \mathbb{R}$ rekonstruieren. Es ist naheliegend, nach einer ähnlichen Darstellung für beliebige Funktionswerte $u(x)$ zu suchen. Hierzu müssen wir nur die Funktion Γ um x verschieben. Dadurch erhalten wir eine neue Funktion

$$\Gamma_x(y) = \Gamma(y - x)$$

mit den gleichen Eigenschaften wie die ursprüngliche Grundfunktion Γ. Anstatt im Ursprungspunkt weist die so verschobene Funktion Γ_x jedoch eine Singularität in x auf. Gehen wir noch einen Schritt weiter und lassen auch Funktionen $u \colon \overline{\Omega} \to \mathbb{R}$ zu, deren Träger nicht zwingend in Ω enthalten ist, so ergibt sich die folgende allgemeine Formel:

Satz 4.1 (**Poissonsche Darstellungsformel**) *Für jedes Gebiet $\Omega \subset \mathbb{R}^n$ und jede glatte Funktion $u \colon \overline{\Omega} \to \mathbb{R}$ gilt die Darstellungsformel*

$$u(x) = -\int_\Omega \Gamma_x(y)\Delta u(y)\,\mathrm{d}y + \int_{\partial\Omega} \Gamma_x(y)\frac{\partial u}{\partial \nu}(y) - u(y)\frac{\partial \Gamma_x}{\partial \nu}(y)\,\mathrm{d}S \quad (4.5)$$

für alle $x \in \Omega$.

Die Integralterme über den Rand $\partial\Omega$ auf der rechten Seite von (4.5) kommen erst im allgemeinen Fall hinzu und resultieren wiederum aus der Anwendung der Greenschen Formel.

4.3   Lösung der Poissongleichung auf $\mathbb{R}^n$

Der Ausgangspunkt unserer Überlegungen war es, Lösungen der Poissongleichung $\Delta u = f$ sowohl auf $\mathbb{R}^n$ als auch auf allgemeinen beranderten Gebieten $\Omega \subset \mathbb{R}^n$ zu finden. Mit der Poissonschen Darstellungsformel sind wir diesem Ziel einen entscheidenden Schritt näher gekommen. Zunächst für $\Omega = \mathbb{R}^n$. Hier treten keine Randterme auf. Eine erste Folgerung aus (4.5) ist in diesem Fall:

Satz 4.2 *Besitzt die stetige Funktion $f \colon \mathbb{R}^n \to \mathbb{R}$ einen kompakten Träger, so liefert das Integral*

$$u(x) = -\int_{\mathbb{R}^n} \Gamma_x(y)f(y)\,\mathrm{d}y = -\int_{\mathbb{R}^n} \Gamma(x-y)f(y)\,\mathrm{d}y \quad (4.6)$$

eine Lösung $u \colon \mathbb{R}^n \to \mathbb{R}$ der Poissongleichung $\Delta u = f$.

Die so gefundene Lösung u ist nicht eindeutig und kann durch Addition einer beliebigen harmonischen Funktion abgeändert werden. Der Anwendungsbereich der Lösungsformel (4.6) ist nicht auf Funktionen f mit kompaktem Träger beschränkt und kann auf größere Klassen von Funktionen erweitert werden. Setzt man in (4.6) für f die im Punkt $y = 0$ konzentrierte Diracsche Delta-Distribution $\delta(0)$ ein, so folgt formal $u(x) = -\Gamma(x)$ und bestätigt damit nochmals unsere Überlegungen in §4.1. Der Satz 4.2 rechtfertigt nachträglich die Bezeichnung Grundlösung für die

Funktion Γ, denn diese bestimmt in Form einer Faltung eine Lösung der Poisson-gleichung für allgemeine Funktionen f.

Ein weiterer Zugang zur obigen Lösungsformel führt über die Anwendung der Fouriertransformation $\mathcal{F}\colon u \mapsto \hat{u}$ auf die Poissongleichung $\Delta u = f$. Die resultierende Gleichung für $\hat{u}$ lässt sich auflösen. Zusatzüberlegungen (vgl. [2]) führen schließlich auf die Darstellung (4.6).

4.4 Greensche Funktionen und Anwendungen

In diesem Abschnitt gehen wir auf die Rolle der Greenschen Funktionen bei der Lösung von Randwertproblemen für die Poissongleichung ein und betrachten einige konkrete Beispiele.

4.4.1 Definition der Greenschen Funktion eines Gebiets

Wir suchen nach einer geeigneten Modifikation der Darstellungsformel 4.6, die es uns erlaubt die Lösung der Poissongleichung $\Delta u = f$ auf einem **berandeten** Gebiet $\Omega \subset \mathbb{R}^n$ unter Dirichlet-Randbedingungen anzugeben. Der Ausgangspunkt unserer Überlegungen ist wiederum die Poissonschen Darstellungsformel (4.5), die sich in diesem Fall auf den Ausdruck

$$u(x) = -\int_{\Omega} \Gamma_x(y) f(y) \, \mathrm{d}y + \int_{\partial\Omega} \Gamma_x(y) \frac{\partial u}{\partial \nu}(y) \, \mathrm{d}S \qquad (4.7)$$

reduziert. Da auf der rechten Seite die (nicht bekannte!) Normalenableitung $\frac{\partial u}{\partial \nu}$ längs $\partial\Omega$ der zu bestimmenden Funktion u eingeht, ist es an dieser Stelle keineswegs ersichtlich, inwiefern die angegebene Formel bei der Lösung der Poissongleichung helfen kann. Dazu ist noch eine weitere Überlegung erforderlich. Hierzu ändern wir für festes $x \in \Omega$ die Grundlösung durch eine *Korrekturfunktion* H_x ab und betrachten die neue Funktion $G_x = \Gamma_x + H_x$. Hierbei wählen wir $H_x\colon \Omega \to \mathbb{R}$ so, dass einerseits $\Delta H_x = 0$ auf Ω gilt (H_x also eine harmonische Funktion ist) und andererseits die Randbedingung

$$H_x(y) = -\Gamma_x(y)$$

für alle $y \in \partial\Omega$ erfüllt ist. Auf die Existenz und Eindeutigkeit von H_x kann hier jedoch nicht eingegangen werden.

Definition 4.2 Für $x, y \in \Omega$ verwenden wir die Notation

$$G_x(y) = \Gamma_x(y) + H_x(y) = \Gamma(y - x) + H_x(y).$$

Die dadurch definierte Funktion in zwei Variablen

$$G(x, y) = G_x(y) \colon \Omega \times \Omega \to \mathbb{R}$$

nennen wir **Greensche Funktion** (erster Art) für Ω.

Zur Lösung der Poissongleichung unter Neumann-Randbedingungen lässt sich in analoger Weise eine Greensche Funktion (zweiter Art) definieren. Da sie die Lösung einer homogenen Laplacegleichung involvieren, lassen sich Greensche Funktionen nur für bestimmte Gebiete Ω explizit angeben. Wir diskutieren einige Beispiele hierzu am Ende des Abschnitts.

4.4.2 Lösung der Poissongleichung auf allgemeinen Gebieten

Die Signifikanz der Greenschen Funktion ergibt sich aus der folgenden Überlegung. Weil H_x für jedes $x \in \Omega$ auf Ω harmonisch ist, überträgt sich die Herleitung der Darstellungsformel in §4.2 ohne Änderungen auf die Funktion G_x anstelle von Γ_x. Damit kann auch in (4.7) der Term Γ_x durch G_x ersetzt werden. Weil nach Wahl von H_x die Funktion G_x längs des Randes $\partial\Omega$ verschwindet, reduziert sich (4.7) in diesem Fall auf die Lösungsformel

$$u(x) = -\int_\Omega G_x(y) f(y) \, dy$$

für alle $x \in \Omega$. Durch die Einführung einer Greenschen Funktion ist es uns somit gelungen, die Lösung der Poissongleichung für eine *beliebig* vorgegebene Funktion f auf die Bestimmung einer *Familie* von harmonischen Funktionen H_x (parametrisiert durch den Punkt $x \in \Omega$) zu reduzieren. Die Randbedingungen, die H_x zu erfüllen hat, sind hierbei durch die Einschränkung von Γ_x auf $\partial\Omega$ vorgegeben, und hängen nicht von der Funktion f ab.

Möchte man etwas allgemeiner anstelle von Dirichlet-Randbedingungen eine beliebige Funktion $g \colon \partial\Omega \to \mathbb{R}$ als Randbedingung vorgeben, so gelangt man zu der folgenden Aussage:

Satz 4.3 *Für die eindeutig bestimmte Lösung der Poissongleichung mit inhomogenen Randbedingungen*

$$\begin{cases} \Delta u(x) = f(x) & f\ddot{u}r \quad x \in \Omega, \\ u(x) = g(x) & f\ddot{u}r \quad x \in \partial\Omega, \end{cases} \tag{4.8}$$

für stetige Funktionen $f \colon \Omega \to \mathbb{R}$ und $g \colon \partial\Omega \to \mathbb{R}$ besteht die Lösungsformel

$$u(x) = -\int_{\Omega} G_x(y)f(y)\,\mathrm{d}y - \int_{\partial\Omega} \frac{\partial G_x}{\partial v}(y)g(y)\,\mathrm{d}S$$

für alle $x \in \Omega$.

Das **Dirichletsche Randwertproblem** fragt nach der Existenz einer harmonischen Funktion $u \colon \Omega \to \mathbb{R}$ unter vorgegebenen Randbedingungen. Es ist somit der Spezialfall $f \equiv 0$ des Randwertproblems (4.8). Die oben angegebene Lösungsformel reduziert sich folglich auf:

Satz 4.4 *Die eindeutig bestimmte Lösung des Dirichletschen Randwertproblems $\Delta u = 0$ unter inhomogenen Randbedingungen $g \colon \partial\Omega \to \mathbb{R}$ ist gegeben durch*

$$u(x) = -\int_{\partial\Omega} \frac{\partial G_x}{\partial v}(y) \cdot g(y)\,\mathrm{d}S \tag{4.9}$$

für alle $x \in \Omega$.

4.4.3 Greensche Funktion des Balls und des Halbraums

Wir beginnen mit $\mathbb{R}^2$ und der dazugehörigen Grundlösung $\Gamma(x) = -\frac{1}{2\pi} \log \|x\|$ für $x \in \mathbb{R}^2 \setminus \{0\}$. Um daraus eine Greensche Funktion für den **Ball** $B_R(0)$ vom Radius R zu gewinnen, benötigen wir für jedes $x \in B_R(0)$ eine auf $B_R(0)$ harmonische Funktion H_x, die die Randbedingungen

$$H_x(y) = -\Gamma_x(y) = \frac{1}{2\pi} \log \|y - x\| \tag{4.10}$$

für alle y mit $\|y\| = R$ erfüllt. Ein geschickt gewählter Ansatz führt hier zum Ziel. Für einen noch zu wählenden Punkt x^* außerhalb von $B_R(0)$ und eine Konstante C_x sei

$$H_x(y) = \frac{1}{2\pi} \log \|y - x^*\| + C_x.$$

Die so definierte Funktion H_x ist harmonisch und auf ganz $B_R(0)$ definiert, denn die Singularität $y = x^*$ liegt außerhalb von $B_R(0)$. Die geforderte Randbedingung (4.10) ist damit äquivalent zu

$$\frac{1}{2\pi} \log \|y - x^*\| + C_x = \frac{1}{2\pi} \log \|y - x\|$$

für alle y mit $\|y\| = R$. Der Quotient

$$\frac{\|y - x^*\|}{\|y - x\|} = e^{-2\pi C_x} \tag{4.11}$$

darf somit nur von $x \in B_R(0)$ aber nicht von y abhängen. Diese Bedingung bestimmt unsere Wahl von x^*. Setzt man nämlich

$$x^* = \frac{R^2}{\|x\|^2} x \qquad \text{für} \quad x \neq 0, \tag{4.12}$$

so folgt mit $\|y\| = R$, dass

$$\|y - x^*\|^2 = \|y\|^2 + \|x^*\|^2 - 2\langle y, x^* \rangle = R^2 + \frac{R^4}{\|x\|^2} + R^2 - 2\frac{R^2}{\|x\|^2}\langle x, y \rangle$$

$$= \frac{R^2}{\|x\|^2} \left(\|x\|^2 + \|y\|^2 - 2\langle x, y \rangle \right) = \frac{R^2}{\|x\|^2} \|x - y\|^2,$$

womit (4.11) erfüllt ist. Damit ist auch die Konstante C_x bestimmt:

$$C_x - \frac{1}{2\pi} \log \frac{\|y - x\|}{\|y - x^*\|} - \frac{1}{2\pi} \log \frac{\|x\|}{R}.$$

Insgesamt folgt

$$H_x(y) = \frac{1}{2\pi} \log \|y - x^*\| + \frac{1}{2\pi} \log \frac{\|x\|}{R}$$

mit x^* wie in (4.12). Der Punkt x^* besitzt eine anschauliche geometrische Interpretation als der Bildpunkt von x unter der Spiegelung am Kreis vom Radius R um den Nullpunkt.

Ein ganz analoger Ansatz zur Bestimmung einer harmonischen Korrekturfunktion H_x führt auch für Kugeln $B_R(0)$ in $\mathbb{R}^n$ mit $n \geq 3$ zum Ziel. Die resultierende Greensche Funktion lautet dann

$$G(x, y) = \Gamma_x(y) - \Gamma\left(\frac{\|x\|}{R} \cdot (x^* - y)\right). \tag{4.13}$$

Hierin bezeichnet x^* der wie in (4.12) durch Spiegelung von x an der Sphäre $\{y \in \mathbb{R}^n \mid \|y\| = R\}$ definierte Punkt.

Im Falle des **Halbraums** $H^n = \{x \in \mathbb{R}^n \mid x_n > 0\}$ kann eine Greensche Funktion aus ähnlichen geometrischen Überlegungen hergeleitet werden. Diese involviert ebenfalls eine Spiegelung und lässt sich durch die Grundlösung Γ ausdrücken als

$$G(x, y) = \Gamma(y - x) - \Gamma(y - x^*).$$

Dabei ist $x^* = (x_1, \ldots, x_{n-1}, -x_n)$ der Spiegelpunkt von $x = (x_1, \ldots, x_n)$ an der durch $\{y = (y_1, \ldots, y_n) \in \mathbb{R}^n \mid y_n = 0\}$ definierten Koordinatenhyperebene.

4.5   Qualitative Eigenschaften von harmonischen Funktionen

Nur in wenigen Fällen ist es möglich, zu einem gegebenen Gebiet $\Omega \subset \mathbb{R}^n$ eine Greensche Funktion zu bestimmen und damit eine explizite Lösungsformel für die Poissongleichung oder das Dirichletsche Randwertproblem aufzustellen. Diese sind dennoch von Interesse, denn sie erlauben es, Rückschlüsse auf die qualitativen Eigenschaften von Lösungen zu ziehen. Beispielhaft folgern wir einige Eigenschaften von **harmonischen Funktionen**. Hierbei sei $\Omega \subset \mathbb{R}^n$ ein beschränktes Gebiet mit Rand $\partial\Omega$ und $u \colon \overline{\Omega} \to \mathbb{R}$ eine stetige Funktion mit $\Delta u = 0$ auf Ω.

Satz 4.5 (Mittelwerteigenschaft) *Jede harmonische Funktion* $u : \Omega \to \mathbb{R}$
besitzt die Mittelwerteigenschaft

$$u(x) = \frac{1}{\omega_n R^{n-1}} \int_{\partial B_R(x)} u(y) \, dS \qquad (4.14)$$

für jeden Punkt $x \in \Omega$ *und jeden in* Ω *enthaltenen Ball* $B_R(x)$ *um* x. *Der Funktionswert* $u(x)$ *ist somit das Mittel der Funktionswerte von* u *über* $\partial B_R(x)$.

Die Mittelwerteigenschaft kann unmittelbar aus Satz 4.4 gefolgert werden. Eine weitreichende Konsequenz hieraus ist die folgende Aussage:

Satz 4.6 (Minimum- und Maximumprinzip) *Für jede harmonische Funktion* $u : \Omega \to \mathbb{R}$ *gilt*

$$\min_{y \in \partial\Omega} u(y) \leq u(x) \leq \max_{y \in \partial\Omega} u(y)$$

für alle $x \in \Omega$. *Das Maximum und Minimum einer harmonischen Funktion wird also auf dem Rand von* Ω *angenommen.*

Wärmeleitungsgleichung

5

Einem idealisierten Modell für die zeitliche Veränderung der Temperaturverteilung in einem wärmeleitenden Körper $\Omega \subset \mathbb{R}^n$ liegt die **Wärmeleitungsgleichung**

$$\frac{\partial u}{\partial t} = \Delta u \qquad (5.1)$$

zugrunde. Hierin bezeichnet $u(t, \cdot) \colon \Omega \to \mathbb{R}$ die Temperaturverteilung des Körpers zum Zeitpunkt t. Seine Temperaturleitfähigkeit setzen wir der Einfachheit halber gleich 1. Sofern der Körper von seiner Umgebung isoliert ist, werden anfängliche Temperaturunterschiede solange ausgeglichen, bis ein Temperaturgleichgewicht erreicht ist. Ein solcher Gleichgewichtszustand lässt sich durch eine harmonische Funktion ($\Delta u = 0$) beschreiben. Damit können wir bei der mathematischen Behandlung der Wärmeleitungsgleichung nahtlos an die vorangegangenen beiden Kapitel anknüpfen. Als neuer Aspekt kommt die Zeitabhängigkeit von u hinzu, sodass

$$u \colon (t_0, t_1) \times \Omega \to \mathbb{R}$$

eine Funktion in einer Zeitvariablen $t \in (t_0, t_1)$ und einer Ortsvariablen $x \in \Omega$ ist. Die Zeit- und die Ortsabhängigkeit sind vermöge (5.1) in einer linearen partiellen Differentialgleichung miteinander verknüpft. Typische Probleme im Zusammenhang mit der Wärmeleitungsgleichung sind:

- Das **Anfangswertproblem (AWP)** bzw. **Cauchy-Problem** auf einem unberandeten, beschränkten oder unbeschränkten Gebiet, etwa $\Omega = \{x \in \mathbb{R}^2 \mid \|x\| = 1\}$ (Wärmeleitung in einer dünnen Drahtschleife) oder $\Omega = \mathbb{R}$ (Wärmeleitung in

© Der/die Autor(en), exklusiv lizenziert an Springer-Verlag GmbH, DE, ein Teil von Springer Nature 2023
J. Swoboda, *Grundkurs partielle Differentialgleichungen*, essentials,
https://doi.org/10.1007/978-3-662-67644-8_5

einem unendlich ausgedehnten Draht). Aus der Temperaturverteilung $u_0 \colon \Omega \to \mathbb{R}$ zu einem Anfangszeitpunkt t_0 (der **Anfangsbedingung**) soll die Verteilung zu jedem späteren Zeitpunkt $t_0 < t < t_1$ berechnet werden.

- Das **Anfangsrandwertproblem (ARWP)** auf Gebieten $\Omega \subset \mathbb{R}^n$, die einen nichtleeren Rand $\partial\Omega$ aufweisen und wiederum beschränkt oder unbeschränkt sein können. Zusätzlich zu einer Anfangsbedingung können **Randbedingungen** gestellt werden, etwa Dirichlet-Randbedingungen

$$u(t, x) = 0$$

für alle $t_0 < t < t_1$ und $x \in \partial\Omega$, und ähnlich für Neumann-Randbedingungen. Diese beiden Typen von Randbedingungen sind auch von physikalischem Interesse. Dirichlet-Randbedingungen beschreiben einen Körper, bei dem die Randtemperatur 0 vorgegeben ist, während Neumann-Randbedingungen einen gegenüber seiner Umgebung thermisch isolierten Körper modellieren.

Als Erweiterung dieser Grundaufgaben kann die Wärmeleitungsgleichung mit einer zusätzlichen Wärmequelle betrachtet werden, was auf die **inhomogene Wärmeleitungsgleichung**

$$\frac{\partial u}{\partial t} = \Delta u + f \tag{5.2}$$

mit einer vorgegebenen Funktion $f \colon (t_0, t_1) \times \Omega \to \mathbb{R}$ führt. Je nachdem, ob es sich bei Ω um ein beschränktes oder unbeschränktes Gebiet handelt, führen unterschiedliche Lösungsansätze zum Ziel.

5.1 Beschränktes Intervall und allgemeine Gebiete

Wir betrachten zunächst das Anfangsrandwertproblem für die inhomogene Wärmeleitungsgleichung auf dem beschränkten Intervall $\Omega = (0, L)$ unter Dirichlet-Randbedingungen. Den Anfangszeitpunkt legen wir der Einfachheit halber auf $t_0 = 0$ fest und setzen $T = t_1$:

$$\begin{cases} \frac{\partial u}{\partial t}(t, x) = \Delta u(t, x) + f(t, x) & \text{für } t \in (0, T) \ \text{ und } \ x \in (0, L), \\ u(t, 0) = u(t, L) = 0 & \text{für } t \in (0, T), \\ u(0, x) = u_0(x) & \text{für } x \in (0, L). \end{cases}$$

Die quadratintegrierbare Funktion $u_0 \colon (0, L) \to \mathbb{R}$ mit $u_0(0) = u_0(L) = 0$ sei gegeben, ebenso die Funktion $f \colon (0, T) \times (0, L) \to \mathbb{R}$. Von dieser wird vorausgesetzt, dass $f(t, \cdot) \colon (0, L) \to \mathbb{R}$ für jedes $t \in (0, T)$ quadratintegrierbar ist. Dann besteht die Fourierreihenentwicklung

$$f(t, x) = \sum_{k=1}^{\infty} f_k(t) \sin \left(\frac{k\pi x}{L} \right)$$

mit **zeitabhängigen** Koeffizientenfunktionen f_k. Zusätzlich fordern wir noch, dass diese stetig sind.

Bei der Lösung des ARWP orientieren wir uns an unserer Vorgehensweise beim Problem der schwingenden Saite in §2.2 und wählen wie dort einen Fourierreihenansatz (Superpositionsansatz):

$$u(t, x) = \sum_{k=1}^{\infty} u_k(t) \sin \left(\frac{k\pi x}{L} \right).$$

Die Basisfunktionen $\sin \left(\frac{k\pi x}{L} \right)$ sind an die vorgegebenen Dirichlet-Randbedingungen angepasst. Im Unterschied zu den früher betrachteten Fällen sind die Fourierkoeffizienten nun Funktionen der Zeitvariablen t. Einsetzen des Reihenansatzes in die inhomogene Wärmeleitungsgleichung liefert

$$\sum_{k=1}^{\infty} \dot{u}_k(t) \sin \left(\frac{k\pi x}{L} \right) = \sum_{k=1}^{\infty} -u_k(t) \cdot \left(\frac{k\pi}{L} \right)^2 \sin \left(\frac{k\pi x}{L} \right)$$
$$+ \sum_{k=1}^{\infty} f_k(t) \sin \left(\frac{k\pi x}{L} \right).$$

Ein Koeffizientenvergleich resultiert in der inhomogenen linearen Differentialgleichung erster Ordnung

$$\dot{u}_k(t) = - \left(\frac{k\pi}{L} \right)^2 u_k(t) + f_k(t) \tag{5.3}$$

für jede der Koeffizientenfunktionen u_k. Zur Lösung können wir auf die entsprechende Lösungsformel („Variation der Konstanten"-Formel) zurückgreifen. Dazu entwickeln wir noch die Anfangsbedingung u_0 in eine Fourierreihe und schreiben

$$u_0(x) = \sum_{k=1}^{\infty} u_{0,k} \sin\left(\frac{k\pi x}{L}\right)$$

mit Fourierkoeffizienten $u_{0,k} \in \mathbb{R}$. Die Lösung der Differentialgleichung (5.3) für u_k zum Anfangswert $u_{0,k}$ lautet

$$u_k(t) = \left(u_{0,k} + \int_0^t f_k(\tau)\, e^{\left(\frac{k\pi}{L}\right)^2 \tau}\, d\tau\right) e^{-\left(\frac{k\pi}{L}\right)^2 t}.$$

Zusammengefasst ergibt sich die gesuchte Lösung des ARWP in Form einer Reihendarstellung als

$$u(t,x) = \sum_{k=1}^{\infty} \left(u_{0,k} + \int_0^t f_k(\tau)\, e^{\left(\frac{k\pi}{L}\right)^2 \tau}\, d\tau\right) e^{-\left(\frac{k\pi}{L}\right)^2 t} \sin\left(\frac{k\pi x}{L}\right).$$

$$(5.4)$$

Unsere Überlegungen bei der Lösung des ARWP für die Wärmeleitungsgleichung auf $\Omega = (0, L)$ lassen eine Verallgemeinerung auf beliebige beschränkte Gebiete $\Omega \subset \mathbb{R}^n$ zu. Die Herleitung führt auch hier über eine Zerlegung des Raums der quadratintegrierbaren Funktionen $L^2(\Omega)$ in Eigenräume des Laplaceoperators unter Dirichlet- oder Neumann-Randbedingungen. Erinnern wir uns an Satz 3.1 und die nachfolgende Entwicklung

$$u(x) = \sum_{i=1}^{\infty} \sum_{j=1}^{n_i} u_{\lambda_i,j}\, g_{\lambda_i,j}(x)$$

einer Funktion $u \in L^2(\Omega)$ bezüglich eines vollständigen Orthonormalsystems von Eigenfunktionen $g_{\lambda_i,j}$ von Δ. Zur Lösung des ARWP auf Ω setzen wir die Reihenentwicklungen der Funktionen u und f in die inhomogene Wärmeleitungsgleichung (5.2) ein. In Verallgemeinerung der obigen Formel (5.4) folgt so die Reihendarstellung

$$u(t, x) = \sum_{i=1}^{\infty} \sum_{j=1}^{n_i} \left(u_{0,\lambda_i,j} + \int_0^t f_{\lambda_i,j}(\tau)\, e^{\lambda_i \tau}\, d\tau \right) e^{-\lambda_i t}\, g_{\lambda_i,j}(x).$$

Aus dieser Darstellung lassen sich zwei grundlegende **qualitative Eigenschaften** von Lösungen des ARWP insbesondere für die homogene Wärmeleitungsgleichung unter Dirichlet-Randbedingungen (alle $\lambda_i > 0$) ablesen:

- Für $t \to \infty$ konvergiert die Lösung gegen die Nullfunktion.
- Die Konvergenzgeschwindigkeit ist dabei durch den kleinsten Eigenwert $\lambda_1 > 0$ bestimmt. Wegen $\lambda_i > \lambda_1$ fallen sämtliche weitere in der Reihenentwicklung auftretenden Terme für $t \to \infty$ mindestens mit dieser Rate gegen 0 ab.

5.2 Wärmeleitung auf $\mathbb{R}^n$ und Wärmeleitungskern

Zunächst nehmen wir die Wärmeleitungsgleichung auf dem beidseitig unbeschränkten Intervall $\Omega = \mathbb{R}$ in den Blick. Von Interesse ist hier das Anfangswertproblem

$$\begin{cases} \frac{\partial u}{\partial t}(t, x) = \Delta u(t, x) + f(t, x) & \text{für } t \in (0, T) \text{ und } x \in \mathbb{R}, \\ u(0, x) = u_0(x) & \text{für } x \in \mathbb{R}, \end{cases}$$

mit vorgegebenen Funktionen $f : (0, T) \times \mathbb{R} \to \mathbb{R}$ und $u_0 : \mathbb{R} \to \mathbb{R}$. An dieser Stelle legen wir für f und u_0 noch keine analytischen Eigenschaften fest. Es soll lediglich angenommen werden, dass beide Funktionen glatt sind und für $\|x\| \to \infty$ schnell genug abfallen, sodass die nachfolgenden Rechenschritte gerechtfertigt sind. Zur Lösung des AWP lässt sich einmal mehr die Fouriertransformation als analytisches Werkzeug wirkungsvoll einsetzen. Diese nimmt hier die Rolle der jetzt nicht mehr möglichen Entwicklung nach Eigenfunktionen des Laplaceoperators ein.

Für eine von der Ortsvariablen x abhängige Funktion u bezeichne $\mathcal{F}(u)$ bzw. $\hat{u}$ ihre durch (2.17) definierte Fouriertransformierte. Wenden wir diese auf beiden Seiten der inhomogenen Wärmeleitungsgleichung an und beachten die Ableitungsregel (2.19), so resultiert die gewöhnliche Differentialgleichung

$$\frac{\partial \hat{u}}{\partial t}(t, y) = -y^2 \hat{u}(t, y) + \hat{f}(t, y).$$

Wir suchen die Lösung unter der ebenfalls transformierten Anfangsbedingung $\hat{u}_0(y)$. Durch Anwenden der „Variation der Konstanten"-Formel kann diese unmittelbar hingeschrieben werden:

$$\hat{u}(t, y) = \left(\hat{u}_0(y) + \int_0^t \hat{f}(\tau, y) \, e^{y^2 \tau} \, d\tau \right) e^{-y^2 t}.$$

Die Variable $y \in \mathbb{R}$ spielt hierin die Rolle eines Parameters; die Lösung des transformierten AWP erfolgt also für beliebiges, aber festgehaltenes y. Die gesuchte Funktion u ergibt sich in einem letzten Rechenschritt durch Anwenden der inversen Fouriertransformation $\mathcal{F}^{-1}$. Wir führen diesen Schritt explizit nur aus für den Spezialfall der homogenen Wärmeleitungsgleichung, d. h. für $f \equiv 0$. Dann folgt unter Ausnutzung der Faltungsregel (2.21) die Lösungsformel

$$u(t, x) = \frac{1}{\sqrt{4\pi t}} \int_{-\infty}^{\infty} u_0(y) \, e^{-\frac{|x-y|^2}{4t}} \, dy. \qquad (5.5)$$

Die hierin auftretende Kernfunktion spielt eine besonders wichtige Rolle:

Definition 5.1 Die für $(t, x) \in (0, \infty) \times \mathbb{R}$ definierte Funktion

$$K_t(x) = \frac{1}{\sqrt{4\pi t}} \, e^{-\frac{x^2}{4t}}$$

bezeichnen wir als den **Wärmeleitungskern**.

Abb. 5.1 zeigt den Graphen von K_t für verschiedene Werte von $t > 0$. Die obige Herleitung überträgt sich mit wenigen Modifikationen auf den Fall $\mathbb{R}^n$ anstelle von $\mathbb{R}$. An die Stelle der Fouriertransformierten in x tritt dabei die Fouriertransformierte für Funktionen in n Variablen $x = (x_1, \ldots, x_n)$. Der **Wärmeleitungskern** ist hier die Funktion

$$K_t(x) = \frac{1}{(4\pi t)^{n/2}} \, e^{-\frac{\|x\|^2}{4t}}.$$

Der Wärmeleitungskern ist selbst eine Lösung der homogenen Wärmeleitungsgleichung. Dies bestätigt man entweder durch Nachrechnen, oder indem man formal in die Lösungsformel die Diracsche Delta-Distribution $\delta(0)$ einsetzt. Wegen

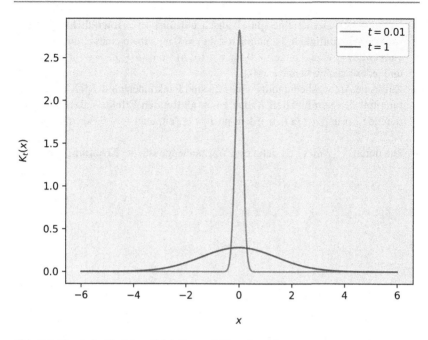

Abb. 5.1 Graph der Funktion $K_t(x)$ für $t = 0.01$ und $t = 1$

$\delta(0) * K_t = K_t$ folgt, dass K_t das AWP mit $\delta(0)$ als Anfangsbedingung löst. Diese Überlegungen machen deutlich, dass die Kernfunktion K_t bei der Lösung der Wärmeleitungsgleichung eine zur Fundamentallösung Γ der Poissongleichung analoge Rolle spielt.

5.3 Qualitative Eigenschaften von Lösungen

Die in (5.5) angegebene Darstellung ist auch deshalb von Interesse, weil sich aus ihr eine Vielzahl von **qualitativen Eigenschaften** von Lösungen der Wärmeleitungsgleichung ableiten lässt. Wir stellen einige der wichtigsten Folgerungen zusammen:

- Lösungen der homogenen Wärmeleitungsgleichung auf $\mathbb{R}^n$ konvergieren für $t \to \infty$ stets (punktweise) gegen die Nullfunktion. Die durch die Funktion u_0 beschriebene anfängliche Wärmeverteilung wird also im Laufe der Zeit ausgeglichen.

- Es zeigt sich hierbei eine (physikalisch unrealistische) **unendliche Ausbreitungsgeschwindigkeit**. Ist nämlich $u_0(x) = 0$ außerhalb eines endlichen Intervalls $(a, b) \subset \mathbb{R}$ und $u_0(x) > 0$ für $x \in (a, b)$, so ist $u(t, x) > 0$ für alle $x \in \mathbb{R}$ und jedes beliebig kleine $t > 0$.

- Zulässige Anfangsbedingungen in (5.5) sind Funktionen $u_0 \in L^1(\mathbb{R}^n)$. Die Faltung mit der Kernfunktion K_t hat einen **glättenden Effekt**, sodass die resultierende Lösung $u(t, x)$ zu jedem positiven Zeitpunkt $t > 0$ bereits C^∞-glatt ist.

- Die durch $\int_{-\infty}^{\infty} u_0(x) \, dx$ definierte Wärmemenge ist eine **Erhaltungsgröße**.

Wellengleichung

6

Als dritten und letzten Grundtyp, nach der Laplacegleichung und der Wärmeleitungsgleichung, lernen wir die **homogene Wellengleichung**

$$\frac{\partial^2 u}{\partial t^2} = c^2 \Delta u \tag{6.1}$$

für eine Funktion $u\colon (t_0, t_1) \times \Omega \to \mathbb{R}$ kennen. Wie zuvor bezeichnet darin $t \in (t_0, t_1)$ die Zeitvariable und $x \in \Omega \subset \mathbb{R}^n$ die Ortsvariable. Die Wellengleichung modelliert die Ausbreitung einer Welle in einem festen, flüssigen oder gasförmigen Medium (z. B. akustische oder elastische Wellen) bzw. im Vakuum (z. B. elektromagnetische Wellen) mit einer festen Geschwindigkeit $c > 0$.

Wie bei den zuvor behandelten Gleichungstypen wird unsere Vorgehensweise dadurch bestimmt, ob das betrachtete Gebiet Ω einen Rand aufweist oder beschränkt bzw. unbeschränkt ist. Als zusätzliches Phänomen weisen die Lösungen je nach Dimension n unterschiedliche qualitative Eigenschaften auf, was darauf abgestimmte Herangehensweisen bei der Lösungsfindung erfordert. Wir tragen dem Rechnung, indem wir uns hier nur auf die physikalisch interessanten Fälle $n \in \{1, 2, 3\}$ beschränken und diese einzeln betrachten.

6.1 Anfangswertproblem für die eindimensionale Wellengleichung

Hier reduziert sich die Wellengleichung auf eine Gleichung für eine Funktion $u\colon (t_0, t_1) \times \mathbb{R} \to \mathbb{R}$ in zwei Variablen. In dieser Form ist sie uns beim Problem der

© Der/die Autor(en), exklusiv lizenziert an Springer-Verlag GmbH, DE, ein Teil von 53
Springer Nature 2023
J. Swoboda, *Grundkurs partielle Differentialgleichungen*, essentials,
https://doi.org/10.1007/978-3-662-67644-8_6

schwingenden Saite in §2.2.1 bereits begegnet. Eine Lösung für das **Anfangs- und Randwertproblem (ARWP)** auf dem Intervall $\Omega = (0, L)$ wurde dort mittels Separation der Variablen und einem Superpositionsansatz gefunden und führte auf die Lösungsformel (2.9). In diese gehen die zwei Anfangsbedingungen $u(0, x) = f(x)$ und $u_t(0, x) = g(x)$ ein.

Wir betrachten das ARWP an dieser Stelle nicht weiter, sondern diskutieren als weitere Grundaufgabe das **Anfangswertproblem (AWP)** bzw. **Cauchy-Problem** für die **homogene Wellengleichung** auf dem beidseitig unbeschränkten Intervall $\mathbb{R}$:

$$\begin{cases} u_{tt}(t, x) = c^2 u_{xx}(t, x) & \text{für } (t, x) \in (0, T) \times \mathbb{R}, \\ u(0, x) = f(x) & \text{für } x \in \mathbb{R}, \\ u_t(0, x) = g(x) & \text{für } x \in \mathbb{R}. \end{cases} \tag{6.2}$$

Hierfür stellen wie zwei Lösungswege vor: zunächst durch **Fouriertransformation** und anschließend den **Lösungsansatz nach d'Alembert**. Dabei sollen zunächst die Anfangsbedingungen ignoriert und stattdessen eine formelmäßige Beschreibung beliebiger Lösungen gefunden werden.

Es bezeichne $U : (0, T) \times \mathbb{R} \to \mathbb{R}$ die Funktion, die sich aus u durch Fouriertransformation in der Variablen x ergibt:

$$U(t, y) = \frac{1}{\sqrt{2\pi}} \int_{-\infty}^{\infty} u(t, x) \, e^{-ixy} \, \mathrm{d}x \,.$$

Hierin spielt die Zeit t lediglich die Rolle eines Parameters. Die zweimalige Differentiation nach t unter dem Integral ist erlaubt und zeigt, dass die Funktion U_{tt} mit der Fouriertransformierten der Funktion u_{tt} übereinstimmt. Entsprechend der Ableitungsregel (2.19) geht ferner u_{xx} unter Fouriertransformation in die Funktion $(iy)^2 U$ über. Der Wellengleichung entspricht damit die gewöhnliche Differentialgleichung

$$U_{tt}(t, y) = -c^2 y^2 U(t, y)$$

für die Funktion U. Die allgemeine Lösung hiervon ist

$$U(t, y) = A(y) \, e^{icyt} + B(y) \, e^{-icyt}$$

für beliebige, nur von der Variablen y abhängige Funktionen $A(y)$ und $B(y)$. Wir nehmen an, dass diese als die Fouriertransformierten von Funktionen $a(x)$ und $b(x)$ geschrieben werden können. Anwendung der inversen Fouriertransformation liefert dann als allgemeine Lösung der Wellengleichung die Funktion

$$u(t, x) = a(x + ct) + b(x - ct),$$

wobei bei der Rücktransformation die Verschiebungsregel (2.18) verwendet wurde. Halten wir als Zwischenergebnis fest:

Lemma 6.1 (Darstellungsformel von d'Alembert) *Jede Lösung u der homogenen Wellengleichung auf $\mathbb{R}$ lässt sich schreiben als*

$$u(t, x) = a(x + ct) + b(x - ct) \tag{6.3}$$

für geeignete C^2-Funktionen a und b.

Die beiden in dieser Darstellung auftretenden Terme $a(x + ct)$ und $b(x - ct)$ lassen sich interpretieren als mit der Geschwindigkeit c nach links bzw. nach rechts laufende Wellen mit dem durch die Funktionen a und b beschriebenen Wellenprofil. Die Lösung u ist demnach die Überlagerung zweier solcher Wellen.

Im Lösungsansatz nach d'Alembert führen wir die Variablentransformation

$$\xi = x + ct \quad \text{und} \quad \eta = x - ct$$

durch. Die resultierende Differentialgleichung vereinfacht sich zu

$$u_{\xi\eta} = 0$$

und besitzt die Lösungen

$$u(\xi, \eta) = a(\xi) + b(\eta)$$

mit beliebigen, zweifach differenzierbaren Funktionen a und b. Resubstituieren wir hierin $\xi = x + ct$ und $\eta = x - ct$, so folgt wiederum die Darstellungsformel (6.3).

Wir beziehen nun noch die in (6.2) vorgegebenen Anfangsbedingungen mit ein und leiten daraus entsprechende Bedingungen an die Funktionen a und b ab. Dazu setzen wir $t = 0$ in die Funktionen $u(t, x)$ und $u_t(x, t)$ ein:

$$u(0, x) = a(x) + b(x) = f(x),$$
$$u_t(0, x) = ca'(x) - cb'(x) = g(x).$$

Nach Integration folgt

$$a(x) = \frac{1}{2}\left(f(x) + \frac{G(x)}{c}\right) \quad \text{und} \quad b(x) = \frac{1}{2}\left(f(x) - \frac{G(x)}{c}\right)$$

für eine Stammfunktion G von g, für die wir $G(x) = \int_0^x g(x)\,dx$ wählen. Einsetzen in die Darstellungsformel liefert nunmehr als Lösung des AWP die Funktion

$$u(t, x) = \frac{1}{2}\big(f(x + ct) + f(x - ct)\big) + \frac{1}{2c}\int_{x-ct}^{x+ct} g(x)\,dx. \tag{6.4}$$

6.2 Inhomogene Wellengleichung und Duhamel-Prinzip

Entsprechend unserer bisherigen Vorgehensweise gehen wir noch einen Schritt weiter und betrachten die **inhomogene Wellengleichung**. Für diese lernen wir mit dem Duhamel-Prinzip einen grundsätzlich neuen Lösungsansatz kennen, der prinzipiell auch auf weitere Gleichungstypen wie die Wärmeleitungsgleichung übertragbar ist. Beschränken wir uns zunächst wieder auf die Wellengleichung in einer Raumdimension und fragen nach den Lösungen der Gleichung

$$u_{tt}(t, x) = c^2 u_{xx}(t, x) + h(t, x) \tag{6.5}$$

für eine vorgegebene abschnittsweise stetige Funktion $h\colon (0, T) \times \mathbb{R} \to \mathbb{R}$. Hierfür legen wir die homogenen Anfangsbedingungen

$$f(0, x) = 0 \quad \text{und} \quad g(0, x) = 0$$

für $x \subset \mathbb{R}$ zugrunde. Das ist ausreichend, denn: ist u eine Lösung von (6.5) und v eine Lösung der homogenen Wellengleichung unter allgemeinen inhomogenen Anfangsbedingungen f und g, so löst $u + v$ die inhomogene Wellengleichung mit diesen Anfangsbedingungen. Wir geben die Lösung von (6.5) in Form des folgenden Satzes an:

Satz 6.1 (Duhamel-Prinzip, erste Version) *Die eindeutig bestimmte Lösung u der inhomogenen Wellengleichung (6.5) unter homogenen Anfangsbedingungen $f = g \equiv 0$ ist gegeben in Form des Doppelintegrals*

$$u(t, x) = \frac{1}{2c} \int_0^t \int_{x-c(t-s)}^{x+c(t-s)} h(s, y) \, dy \, ds$$

für $x \in \mathbb{R}$ und $0 < t < T$.

Die Formel von Duhamel weist eine Ähnlichkeit zur Lösungsformel (6.4) für die homogene Wellengleichung auf. In der Tat wird durch das innere Integral gerade der Funktionswert $u^s(t - s, x)$ der Lösung u^s der inhomogenen Wellengleichung unter den Anfangsbedingungen

$$u^s(0, x) = 0 \quad \text{und} \quad u_t^s(0, x) = h(s, x) \tag{6.6}$$

zur Zeit $t - s$ ausgedrückt. Die Aufintegration von $u^s(t - s, x)$ über das Intervall $0 < s < t$ liefert schließlich die Lösung u der inhomogenen Wellengleichung im Punkt (t, x). Diese Interpretation des Duhamel-Prinzips gilt unabhängig von der zugrundeliegenden Raumdimension. Wir halten sie in dem folgenden Satz fest:

Satz 6.2 (Duhamel-Prinzip, zweite Version) *Ist u^s mit $0 < s < t$ eine Lösung der homogenen Wellengleichung auf $\mathbb{R}^n$ unter den Anfangsbedingungen (6.6), so ist mit*

$$u(t, x) = \int_0^t u^s(t - s, x) \, ds$$

eine Lösung der inhomogenen Wellengleichung (6.5) für $x \in \mathbb{R}^n$ und $0 < t < T$ erklärt.

Aufgrund des Duhamel-Prinzips genügt es fortan, Lösungen lediglich für die homogene Wellengleichung unter beliebigen Anfangsbedingungen zu finden. Abb. 6.1 zeigt exemplarisch eine Lösung in einer Raumdimension. Zum Abschluss des Buchs nehmen wir noch die physikalisch ebenfalls relevanten Raumdimensionen $n = 2$ und $n = 3$ in den Blick.

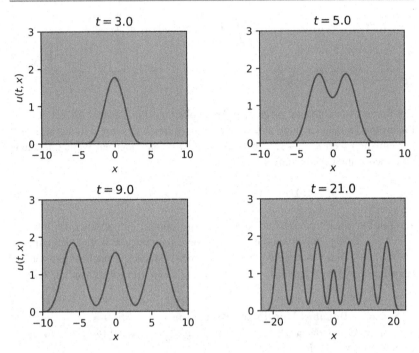

Abb. 6.1 Lösung u der inhomogenen Wellengleichung $u_{tt} = u_{xx} + h$ mit $h(t, x) = \sin(t)\chi_{[-1,1]}(x)$ unter homogenen Anfangsbedingungen zu den Zeiten $t \in \{3.0, 5.0, 9.0, 21.0\}$

6.3   Lösungen in zwei und drei Raumdimensionen

Unsere bisherigen Überlegungen zur Wellengleichung in einer Raumdimension (d'Alembert-Prinzip) lassen sich leider nicht ohne weiteres auf den allgemeinen Fall verallgemeinern. Wir verzichten hier auf eine Herleitung und geben für die physikalisch relevanten Fälle $\mathbb{R}^2$ und $\mathbb{R}^3$ das Resultat in Form der Darstellungsformeln von Poisson an. Dazu führen wir die folgende Notation ein. Es bezeichne $\mathbb{D}_R(x) = \{y \in \mathbb{R}^2 \mid \|y - x\| < R\}$ die Kreisscheibe um $x \in \mathbb{R}^2$ und $S_R(x) = \{y \in \mathbb{R}^3 \mid \|y - x\| = R\}$ die Sphäre um $x \in \mathbb{R}^3$, jeweils mit Radius $R > 0$.

Satz 6.3 (Darstellungsformeln von Poisson) *Es sei $n = 2$ oder $n = 3$. Zu gegebenen Anfangsdaten $f : \mathbb{R}^n \to \mathbb{R}$ ($f \in C^3(\mathbb{R}^n)$) und $g : \mathbb{R}^n \to \mathbb{R}$ ($g \in C^2(\mathbb{R}^n)$) ist die eindeutig bestimmte Lösung des AWP für die homogene Wellengleichung auf $\mathbb{R}^n$ gegeben durch*

$$u(t,x) = \frac{\partial}{\partial t}\left(\frac{1}{2\pi c}\int_{\mathbb{D}_{ct}(x)} \frac{f(y)}{\sqrt{c^2 t^2 - \|x - y\|^2}}\, dy\right)$$
$$+ \frac{1}{2\pi c}\int_{\mathbb{D}_{ct}(x)} \frac{g(y)}{\sqrt{c^2 t^2 - \|x - y\|^2}}\, dy$$

(Fall $n = 2$) bzw.

$$u(t,x) = \frac{\partial}{\partial t}\left(\frac{1}{4\pi c^2 t^2}\int_{S_{ct}(x)} f(y)\, dS\right) + \frac{1}{4\pi c^2 t^2}\int_{S_{ct}(x)} g(y)\, dS$$

(Fall $n = 3$), jeweils für $x \in \mathbb{R}^n$ und $t > 0$.

Für $n = 3$ besitzt die angegebene Darstellungsformel eine besonders anschauliche Interpretation: Der Wert der Lösung an der Stelle (t, x) hängt *nur* ab von den Funktionswerten von f und g auf der Sphäre $S_{ct}(x)$ und ergibt sich durch Mittelung bzw. Zeitableitung aus diesen. Dieses sogenannte **Huygensche Prinzip** bringt die Vorstellung einer sich mit der Geschwindigkeit c im Raum $\mathbb{R}^3$ ausbreitenden Welle quantitativ zum Ausdruck. Es gilt gleichermaßen für Lösungen der Wellengleichung in allen ungeraden Raumdimensionen $n \geq 3$ zusammen mit ähnlich strukturierten Lösungsformeln.

6.4 Qualitative Eigenschaften von Lösungen

Obwohl beide Differentialgleichungen die Änderung eines Anfangszustandes in Abhängigkeit von Ort und Zeit beschreiben, unterscheiden sich die qualitativen Eigenschaften von Lösungen der Wellengleichung von denen der Wärmeleitungsgleichung in mehrfacher Hinsicht:

• Lösungen der Wellengleichung weisen im Gegensatz zu denen der Wärmeleitungsgleichung eine **endliche Ausbreitungsgeschwindigkeit** $c > 0$ auf. Für Wellen in einer Raumdimension ($n = 1$) können wir diese Eigenschaft anhand der Darstellungsformel von d'Alembert (6.3) leicht nachvollziehen. Für die Lösungen der Wellengleichung in $n = 2$ und $n = 3$ Raumdimensionen ist sie evident aufgrund der Poissonschen Darstellungsformeln; sie gilt jedoch für allgemeine Raumdimensionen n. Im Falle der inhomogenen Wellengleichung folgt eine vergleichbare Aussage aus dem Duhamel-Prinzip, sofern die die Inhomogenität bestimmende Funktion h kompakten Träger hat.

• Ein weiterer qualitativer Unterschied zwischen den Lösungen der beiden Gleichungstypen besteht hinsichtlich ihrer **Regularität**. Während die Lösungen der Wärmeleitungsgleichung bereits für beliebig kleine Zeiten $t > 0$ beliebig oft differenzierbar sind, ergibt sich für die Lösungen der Wellengleichung in der Regel kein Regularitätsgewinn. Unstetigkeitsstellen der Anfangsdaten pflanzen sich mit der Ausbreitungsgeschwindigkeit c fort. Lösungen der Wellengleichung konvergieren für $t \to \infty$ i.a. nicht gegen einen Gleichgewichtszustand, im Unterschied zu den Lösungen der Wärmeleitungsgleichung.

Zum Schluss gehen wir noch auf eine weitere wichtige, jedoch etwas versteckt liegende Eigenschaft der homogenen Wellengleichung ein: der **Energieerhaltung** ihrer Lösungen. Unter der **Energie** einer von der Zeit $t \in (t_0, t_1)$ und dem Ort $x \in \mathbb{R}^n$ abhängigen Funktion $u : (t_0, t_1) \times \mathbb{R}^n \to \mathbb{R}$ versteht man ganz allgemein die Größe

$$E^t(u) = \frac{1}{2} \int_{\mathbb{R}^n} |u_t(t, x)|^2 + c^2 |\nabla u(t, x)|^2 \, dx \qquad (t \in (t_0, t_1)),$$

sofern das Integral existiert. Die darin auftretenden Terme lassen sich als kinetische sowie potentielle Energie interpretieren. Es lässt sich zeigen, dass E^t für Lösungen der homogenen Wellengleichung auf $\mathbb{R}^n$ erhalten ist, sofern diese einen kompakten Träger besitzen. Bei Gebieten mit Rand treten zusätzliche Randterme auf.

Die Energieerhaltung zieht einige interessante Folgerungen nach sich. Wir setzen $(t_0, t_1) = (0, T)$. Weil $E^t(u)$ konstant in t ist, gilt $E^t(u) = E^0(u)$ für alle $0 < t < T$. Der Term $E^0(u)$ ist bestimmt durch die Anfangsdaten $f(x) = u(0, x)$ und $g(x) = u_t(0, x)$ und damit ist

$$E^t(u) = E^0(u) = \frac{1}{2} \int_{\mathbb{R}^n} |g(x)|^2 + c^2 |\nabla f(x)|^2 \, dx.$$

Wählt man als Anfangsbedingungen $f = g \equiv 0$, so ist die Energie $E^t(u)$ jeder Lösung $u(t, x)$ ebenfalls konstant 0. Das ist aber nur dann möglich, wenn $u \equiv 0$ die Nullfunktion ist. Als Schlussfolgerung erhalten wir die **Eindeutigkeit der**

Lösung des AWP zur *inhomogenen* Wellengleichung $u_{tt} = c^2 \Delta u + h$ bei gegebenen Anfangsdaten (f, g). Sind nämlich u und v zwei Lösungen mit den gleichen Anfangsdaten und kompakten Trägern, so ist aufgrund der Linearität der Wellengleichung die Differenz $u - v$ eine Lösung der *homogenen* Wellengleichung mit Anfangsbedingungen gleich 0 und ebenfalls kompaktem Träger. Wie zuvor argumentiert, ist dann $u - v \equiv 0$ die Nullfunktion, was die behauptete Eindeutigkeit beweist.

Die hier vorgestellte Argumentationskette, aus einer Erhaltungsgröße auf weitere Eigenschaften wie beispielsweise die Eindeutigkeit von Lösungen zu schließen, ist eine typische Strategie und kommt beim Studium der qualitativen Eigenschaften von Lösungen verschiedenster partieller Differentialgleichungen zum Tragen.

Was Sie aus diesem *essential* mitnehmen können

In dieser Einführung in die Mathematik der partiellen Differentialgleichungen haben Sie...

- die drei grundlegenden Differentialgleichungstypen Laplace-, Wärmeleitungs- und Wellengleichung kennengelernt und die Rolle von Anfangs- und Randbedingungen verstanden
- einen Einblick in den physikalischen Kontext, dem diese Gleichungen entstammen, erhalten
- die den Lösungsverfahren zugrundeliegenden analytischen Hilfsmittel wie Fourierreihen und Fouriertransformation verstanden
- die Herleitung der Grundlösung und die Bedeutung der Greenschen Funktionen und des Wärmeleitungskerns nachvollziehen können
- ein Verständnis darüber erlangt, wie aus allgemeinen Prinzipien konkrete Lösungsformeln für Anfangs- und Randwertprobleme abgeleitet werden können
- einen Überblick über die wichtigsten qualitativen Eigenschaften von Lösungen erhalten und dabei Gemeinsamkeiten und Unterschiede zwischen den Grundtypen nachvollziehen können

Literatur

1. Fischer, H., Kaul, H.: Mathematik für Physiker. Bd. 2. Gewöhnliche und partielle Differentialgleichungen, mathematische Grundlagen der Quantenmechanik, 4. Aufl. Springer Spektrum, Wiesbaden (2014)
2. Grubb, G.: Distributions and Operators. Graduate Texts in Mathematics. Springer, New York (2009)
3. Jost, J.: Partielle Differentialgleichungen. Elliptische (und parabolische) Gleichungen. Springer, Berlin (1998)
4. Königsberger, K.: Analysis 2. Springer-Lehrbuch, 4. Aufl. Springer, Berlin (2002)
5. Renardy M., Rogers R.C.: An Introduction to Partial Differential Equations. Texts in Applied Mathematics, 2. Aufl. Springer, New York (2010)

© Der/die Herausgeber bzw. der/die Autor(en), exklusiv lizenziert an Springer-Verlag GmbH, DE, ein Teil von Springer Nature 2023
J. Swoboda, *Grundkurs partielle Differentialgleichungen*, essentials,
https://doi.org/10.1007/978-3-662-67644-8

Printed in the United States
by Baker & Taylor Publisher Services